Werner Nachtigall · Vorbild Natur

Springer

Berlin
Heidelberg
New York
Barcelona
Budapest
Hongkong
London
Mailand
Paris
Santa Clara
Singapur
Tokio

Werner Nachtigall

Vorbild Natur

Bionik-Design für funktionelles Gestalten

Mit 108 Abbildungen, davon 40 in Farbe

 Springer

Professor Dr. Werner Nachtigall
Fachbereich 13, Fachrichtung Zoologie
Universität des Saarlandes
Postfach 15 11 50
66041 Saarbrücken

Die Deutsche Bibliothek – CIP-Einheitsaufnahme
Nachtigall, Werner:
Vorbild Natur: Bionik-Design für funktionelles Gestalten / Werner Nachtigall. – Berlin ; Heidelberg ; New York ;
Barcelona ; Budapest ; Hongkong ; London ; Mailand ; Paris ; Santa Clara ; Singapur ; Tokio : Springer, 1997

ISBN-13: 978-3-642-64592-1   e-ISBN-13: 978-3-642-60866-7
DOI: 10.1007/978-3-642-60866-7

Layout/Satz/Datenkonvertierung: MEDIO, Berlin
Herstellung: Renate Schulte

SPIN: 10631219   51/3020-5 4 3 2 1 0 – Gedruckt auf säurefreiem Papier.

Für Berni, Ine und Niccoló

Inhaltsverzeichnis

1 Was bedeutet Bionik? 1

Einige Begriffsdefinitionen vorab 1

Technische Biologie und Bionik – zwei Seiten einer Medaille 2

**2 Naturanalyse und Naturübertragung
haben eine lange Tradition** 7

Technische Biologie: J. A. Borelli (1608–1679) 7

Bionik: Sir G. Cayley (1773–1857) 8

Technische Biologie und Bionik: Leonardo da Vinci (1452–1519) 9

Ansätze des frühen 20. Jahrhunderts: Raoul H. Francé, Alf Gießler 9

3 Am Anfang steht der analoge Vergleich 11

Grashalm und Fernsehturm 11

Mikromorphologie 14

Die ungeheure Vielfalt "ähnlicher" biologischer Konstruktionen 20

**4 Zehn Grundprinzipien natürlicher Konstruktionen –
„10 Gebote" bionischen Designs** 21

Prinzip 1: Integrierte statt additiver Konstruktion 22

Prinzip 2: Optimierung des Ganzen
statt Maximierung eines Einzelelements 23

Prinzip 3. Multifunktionalität statt Monofunktionalität 24

Prinzip 4: Feinabstimmung gegenüber der Umwelt 26

Prinzip 5: Energieeinsparung statt Energieverschleuderung 26

Prinzip 6: Direkte und indirekte Nutzung der Sonnenenergie 27

Prinzip 7. Zeitliche Limitierung statt unnötiger Haltbarkeit 31

Prinzip 8: Totale Rezyklierung statt Abfallanhäufung 32

Prinzip 9: Vernetzung statt Linearität 33

Prinzip 10: Entwicklung im Versuchs-Irrtums-Prozeß 33

5 Zur Praxis bionischen Übertragens von Naturerkenntnissen in die Technik 35

Problemkreis Interdisziplinarität 35

Problemkreis Fortschritt und Rückgriff 37

Problemkreis Forschung und Anwendung 42

Problemkreis Innovation 45

6 Bionikdesign in Stichworten 47

Lösungen 47

Probleme 50

Analogien 54

Ansatzmöglichkeiten 57

7 Form und Funktion 59

Abstimmungen 59

Was ist gutes Design? 60

Kann man von einem „biologischen Design" sprechen? 61

Lassen sich "biologisches" und „technisches" Design sinnvoll in Beziehung setzen? 62

Bestes Design bedeutet optimales Design 62

Läßt sich die "Güte" eines Designs messen? 63

Wann ist ein Design „schön"? 64

8 Einige Grundaspekte bionischen Designs – etwas detaillierter erläutert 65

Konstruktionselemente in Biologie und Technik sind oft funktionell ähnlich, der Form nach jedoch unterschiedlich 65

Biologische Materialien haben interessante funktionelle Besonderheiten 74

Biologische Bauten können Vorbildcharakter haben 80

Künstlerische Gestaltung und Naturvorbild 86

Bionisches Design in Sensorik und Robotik 87

Kann der Fahrzeugdesigner von der Natur lernen? 88

Kann Naturdesign einen Weg aus der Energiemisere weisen? 97

Molekulares Design 102

Auch Biomedizinische Technik bewegt sich auf das Niveau
  biologischer Moleküle zu 103

**9 Selbst die Prinzipien der biologischen
Evolution und Ontogenese lassen sich
auf die Technik übertragen** 105

Evolutionsstrategie: Lösungen auch ohne Theorien 105

Technisches Bauteiledesign nach dem Vorbild Baum 107

10 Bionikdesign in Ausbildung und Öffentlichkeit 111

Erfahrungen in der Schule 111

Ausbildung an Hochschulen 113

Öffentlichkeitsarbeit 115

11 Zusammenarbeit Forschung – Anwendung 117

Beispiel für die Entwicklung eines Konzepts 117

Designwerkstätten 120

Vorgehensweisen 127

Literatur 139

Anhang 147

Abbildungsnachweise 147

Anmerkungen 149

Sachverzeichnis 153

Farbtafeln F1–F16

Kurzerläuterungen zu den Farbtafeln F17–F20

Vorwort

Wie kommen wir aus dem derzeitigen Technologietal heraus? Hand
aufs Herz: Moderne Technik ist faszinierend, nützt aber häufig
weder Mensch noch Umwelt in angemessener Weise. Angemessen:
Das wäre zu spiegeln an der kreativen Kapazität, die in den Gehirnen unserer Ingenieure steckt. Hier hapert es aber schon in der Ausbildung. Eine Technik, die auf Maximierung von Einzelelementen
setzt, nicht auf Optimierung gesamter Systeme, ist vom Prinzip her
verfehlt. Der Weg „Zurück zur Natur" im Rousseauschen Sinn ist
uns aber verwehrt. Was bleibt?

Ich meine, den Weg aus dem derzeitigen Technologietal weist
uns nicht Naturschwärmerei, sondern – so widerspruchsvoll es im
ersten Augenblick klingen mag – nur eine Höchsttechnologie. Diese allerdings darf sich nicht am Machbaren oder an kurzfristigen
finanziellen Vorteilen ausrichten, sondern muß das umsetzen, was
der Mensch braucht und was der Umwelt dient. Diese Anforderungen aber sind so komplex und widersprüchlich, daß es aller
Anstrengungen bedarf, die Technologien der Zukunft so auszu-
richten und aufeinander abzustimmen, daß sie insgesamt system-
erhaltend wirken, nicht systemzerstörend. Basis dafür muß freilich
politischer Wille sein.

Die Strukturen, Funktionen und Strategien der Natur könnten
ein gutes Vorbild für solche technologischen Zukunftsaspekte liefern. Dies kann aber nicht durch „Naturkopie" geschehen – das
wäre Scharlatanerie. Man sollte vielmehr das ungeheure Potential

der „Erfindungen der Natur" durchforsten, erforschen, technisch umsetzen und damit der Menschheit nutzbar machen. Das Design unserer künftigen technischen Gebilde – und damit meine ich einen inneren und äußeren strukturellen und funktionellen Zusammenhalt – könnte dann mehr und mehr bionisch ausgerichtet werden. Dies sollte dort geschehen, wo es sinnvoll ist. Und es gibt eine ungeheure Menge an technologischen Facetten, bei denen eine Naturausrichtung sinnvoll ist. Einige Ansätze und Beispiele stellt dieses Buch vor. Es geht hier nicht um eine Zusammenstellung übertragbarer oder bereits übertragener Vorbilder – dies wäre eine Thematik für ein „Lehrbuch der Bionik", wie es im Frühjahr 1998 im gleichen Verlag erscheinen wird. Es sollen vielmehr an Hand einfacher und einführender Beispiele die Übertragbarkeiten abgeklopft werden (Anmerkung 1, s. Anhang). Daran wird rasch deutlich, daß Bionik weder ein Allheilmittel ist noch sektiererisches Festhalten an Glaubenssätzen meint. Bionik ist vielmehr ein Werkzeug. Wie jedes Werkzeug kann man es sinnvoll oder sinnleer benutzen oder auch im Schrank stehen lassen.

Ich meine allerdings, man sollte die Natur sehr viel ernsthafter und detaillierter auf Übertragungsmöglichkeiten abklopfen, als das bisher getan worden ist. Bionikdesign könnte sich dann zu einem gewichtigen Ansatz entwickeln für eine Technik, die dem Menschen wirklich dienlich ist.

Mein Dank gilt Frau A. Gardezi und Frau I. Schwarz für die Hilfe bei der Bild- und Textgestaltung, den Bildautoren für die Erteilung der Abdruckgenehmigungen sowie Frau I. Wittig und anderen Mitarbeitern des Springer-Verlags für die vertrauensvolle Zusammenarbeit

Saarbrücken, im Frühjahr 1997
Werner Nachtigall

Was bedeutet Bionik?

Der Begriff „Bionik" geht auf die Wortschöpfung „bionics" des amerikanischen Luftwaffenmajors J. E. Steele zurück. Dieser hatte im Jahre 1960 eine Tagung einberufen, die sich unter anderem zum Ziel gesetzt hatte, vom „biologischen Sonar" der Fledermäuse etwas für die Verbesserung des technischen Radars zu lernen. Eine rasche technische Übertragbarkeit hat sich damals nicht ergeben. Doch war immerhin von technisch-biologischen Grundlagenuntersuchungen der damaligen Fledermausforscher bekannt, daß die Gütegrade beim Fledermaussonar um Größenordnungen besser sind als die der damaligen technischen Radareinrichtungen. Mit Begriffen wie „Gütegrade" geht die Bionik denn auch gerne um. Sie erlauben es, Technik und Biologie zu vergleichen, auch wenn das auf den ersten Blick als nicht möglich erscheint. Auch die Sichtweise der „Analogieforschung" kann als Bindeglied betrachtet werden; später mehr davon.

Einige Begriffsdefinitionen vorab

Der Autor dieses Buchs definiert den Begriff „Bionik" gerne wie folgt:

Lernen von der Natur als Anregung für eigenständig-technisches Gestalten.

Wichtig erscheint mir dabei das Wort „eigenständig": Es handelt sich keinesfalls um ein sklavisches Kopieren der Natur. Vielmehr wird der Ingenieur durch das, was ihm der Biologe nach dem Naturstudium anbietet – sei es indirekt als Konstruktionsziel, sei es direkt als bereits ausgearbeiteter Lösungsvorschlag – gefordert, manchmal aufs Äußerste (Anm. 1).

Auf einer VDI-Tagung über die zukünftige Bedeutung der Bionik hatte der Autor die (nicht eben dankbare) Aufgabe, mit den teilnehmenden Wissenschaftlern eine allgemein akzeptierte Bionikdefinition zu erarbeiten. Wir haben uns auf folgende Formulierung geeinigt:

> *Bionik* als Wissenschaftsdisziplin befaßt sich systematisch mit der technischen Umsetzung und Anwendung von Konstruktionen, Verfahren und Entwicklungsprinzipien biologischer Systeme.

Die Bionik wird also als Wissenschaftsdisziplin betrachtet, als „Fach" sozusagen (Anm. 2). Es lassen sich drei große Problemkreise vorstellen, zu denen sie wichtige Beiträge liefern kann, nämlich eben Aspekte der Strukturbionik, der Verfahrensbionik und der Entwicklungsbionik. Zum ersten gehören z. B. widerstandsarme Formgebungen von Fahrzeugen, basierend auf den Formen schnell schwimmender oder fliegender Tiere. Zum zweiten gehört beispielsweise eine „künstliche Photosynthese". Zum dritten sind die vielfältigen Ansätze der Evolutionsstrategie und verwandter Verfahren zu zählen, die bereits in zahlreichen Entwicklungsbüros Einzug gehalten haben.

Soweit zum Problemkreis Bionik. Ich bin aber der Meinung, daß dies nur eine Seite der Medaille ist.

Technische Biologie und Bionik – zwei Seiten einer Medaille

Bevor man bionisch umsetzen kann, muß man technisch-biologisch forschen Es leuchtet ein, daß man nicht anwenden kann, was man vorher nicht erforscht hat. Basis jeder bionischen Umsetzung muß also biologische Grundlagenforschung sein. Da die Bionik technisch orientiert ist, muß auch diese Grundlagenforschung im wesentlichen physikalisch-technisch orientiert sein. Ich bezeichne diese Arbeitsweise als *„Technische Biologie"* (Anm. 3) und definiere sie wie folgt:

„Technische Biologie" betreiben bedeutet, die Natur zu erforschen und zu beschreiben aus dem Blickwinkel und mit dem methodischen Verfahren der technischen Physik und verwandter Gebiete.

Ohne Technische Biologie ist Bionik nicht vorstellbar. Ohne eine folgende bionische Umsetzung (oder zumindest den Versuch dazu) bleibt aber die Technische Biologie akademisch; die Ergebnisse verschwinden hinter den Buchrücken der Bibliotheken. Grundlagenforscher sehen sich aber immer mehr der gesellschaftlichen Forderung ausgesetzt, ihre Ergebnisse praktisch relevanten Anwendungsbereichen zugängig zu machen. Dazu gehört, daß die Ergebnisse aufbereitet und in einer Form angeboten werden, die der technischen Umsetzung angemessen ist *(Abb. 1)*. Dies wird i. allg. so

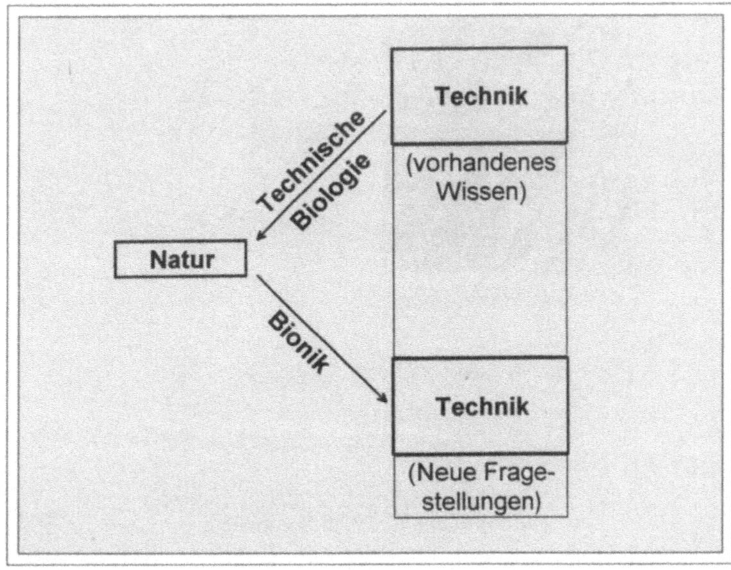

Abb. 1:
Querverbindungen zwischen Technik, Technischer Biologie und Bionik

geschehen, daß der Grundlagenforscher die Zusammenarbeit mit angewandten Forschungsrichtungen, der Industrie oder der Wirtschaft sucht. Die in der letzten Zeit an vielen Hochschulen eingerichteten Stellen für Technologietransfer helfen ihm dabei.

Ein Beispiel zur Verdeutlichung

Drei französische Forscher — Castanet, Gasc und Renous vom Musée d'Histoire Naturelle in Paris — haben festgestellt, daß südamerikanische Schlangen der Gattung *Leimadorphys* speziell strukturierte Bauchschuppen haben (Castanet et al. 1983; *Abb. 2*). Diese erlauben es ihnen, auf glitschigem Untergrund zu kriechen, weil sie dem Vorwärtsgleiten wenig Widerstand entgegensetzen, sich beim Rückwärtsrutschen aber im Untergrund verkeilen. Das Kurzresultat der biologisch-technischen Grundlagenuntersuchung: Die Bauchschuppen wirken als „richtungsabhängige Reibungsgeneratoren".

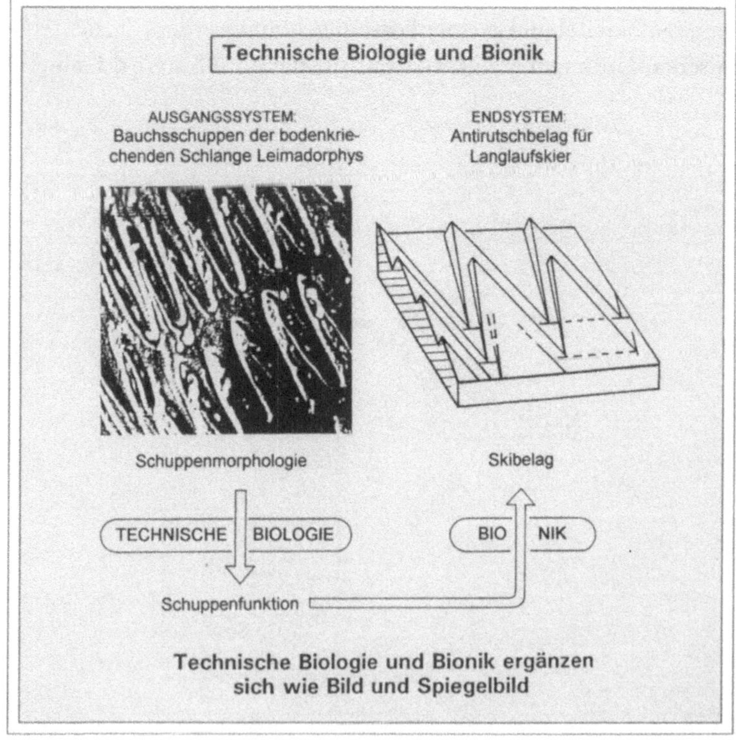

Abb. 2:
Ein Beispiel zum Zusammenwirken von technischer Biologie und Bionik: Erforschung der funktionellen Schuppenmorphologie einer Schlange und Konzeption einer rückrutschverhindernden Aufklebefolie für Langlaufskier

Auf der Basis dieser Erkenntnis, die zu einem Patent geführt hat, wurde eine der Schlangenhaut analoge technische Folie entwickelt. Auf Langlaufskier geklebt, verringert sie drastisch das lästige Rückrutschen, beeinflußt aber nicht merklich das Vorwärtsgleiten – ein Werbe- und Verkaufsvorteil für die ausführende Firma.

Dies war ein Beispiel aus der Strukturbionik. In welchen anderen Bereichen kann technisch-biologisches und bionisches Vorgehen wichtig werden? Mit anderen Worten: Welche Teilgebiete der Bionik sind vorstellbar?

Teilgebiete der Bionik
Im Berichtsband zur o.g. VDI-Tagung über die zukünftige Bedeutung der Bionik wurde ein Gliederungskonzept dargelegt, für das ich das Einteilungsschema entwickelt habe. Es finden sich die drei in der Definition genannten Prinzipkonzepte wieder, nun aufgeteilt in eine Reihe von Anwendungsfacetten *(Abb. 3)*.

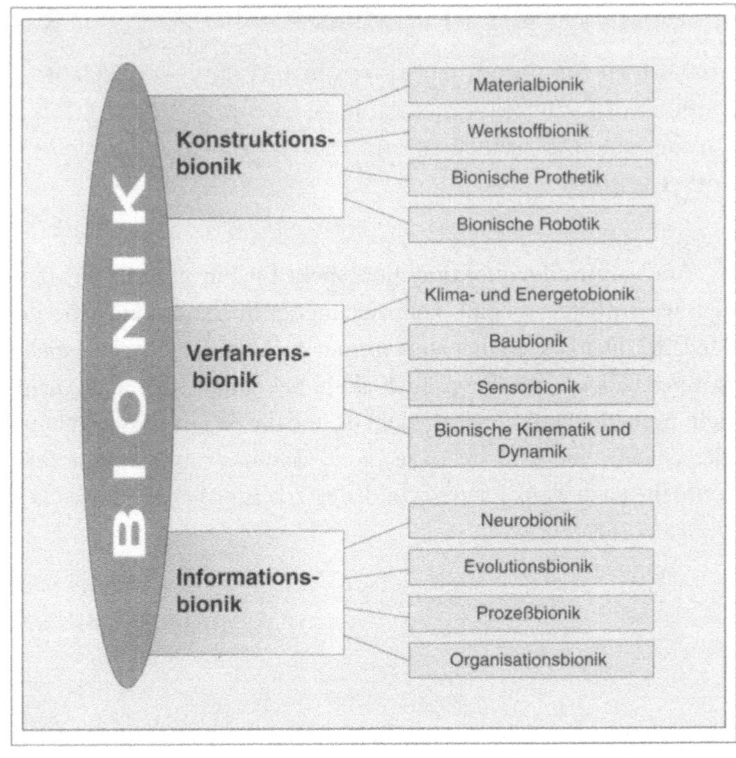

Abb.3:
Einteilungsschema
für Bionikansätze

Bionik und Design

Design betreiben – das bedeutet nicht nur oberflächliches Konzipieren hübscher Formen. Das Schaffen einer strukturfunktionellen Einheit gehört für mich untrennbar dazu: „funktionelles Design". Das gilt für die Formgestaltung ebenso wie für eine maschinenbauliche Konstruktion, ja selbst für molekulare Dimensionen: Man spricht heute ja schon von „Drug-Design" und meint damit die funktionelle Konzeption biochemisch bedeutsamer Moleküle.

Design ist eine Kunst und eine Wissenschaft, also mehr als pures Konstruieren, aber auch mehr als intuitives Gestalten. Deshalb charakterisiert dieser Begriff bionisches Arbeiten, das ja auch irgendwie zwischen Intuition und Forschung steht, so gut.

Es mag nicht uninteressant sein, einmal nachzublättern, wie der Begriff „Design" in Lexika und von Designern selbst defniert ist (s. S. 61). Bionisches Design oder Bionikdesign könnte man demnach wie folgt umschreiben:

Von Naturvorbildern ausgehende Konzeption technischer Struktur-, Funktions- und Entwicklungsvorgänge im Spannungsfeld zwischen technischer Optimierung und menschen- und umweltangemessener Gestaltung.

Auch wenn der funktionelle Aspekt für ein praktikables Design wesentlich erscheint, kennzeichnet er doch nur eine Seite der Medaille. Dem gegenüber steht immer auch der ästhetische Aspekt. In Einzelfällen kann dieser auch allein bedeutend sein, dann nämlich, wenn die Funktion festgelegt ist und die Form sozusagen luxurieren kann. Es ist nichts dagegen zu sagen, wenn man eine Telefonform nach dem Formvorbild der *Nautilus*-Schale entwickelt *(Farbtafel 16)*.

2

Naturanalyse und Naturüber-
tragung haben eine lange Tradition

Es mag so aussehen, als ob die bisher vorgestellten Überlegungen etwas ganz Neuartiges darstellen. Genau betrachtet ist dies nicht der Fall. Solche Wege sind schon vor Jahrhunderten beschritten worden. Es blieb aber bei Einzelansätzen, die keine Breitenwirkung erzielt haben. Dies gilt sowohl für Sichtweisen, die wir heute als „Technische Biologie" bezeichnen, als auch für Ansätze, die wir heute unter dem Begriff „Bionik" führen.

Technische Biologie: J. A. Borelli (1608–1679)

Mit seinem Buch „De motu animalium" (Mailand 1685) hat der genannte Forscher die Biophysik der Lokomotionsvorgänge begründet – ein Fachgebiet, auf dem der Autor dieses Buchs heute Grundlagenforschung betreibt. Es war schon alles einmal da unter dieser Sonne; Borelli hat auch das Modellexperiment in die genannte Disziplin eingeführt. Dazu ein Beispiel.

Wenn der Vogelschwanz hochgezogen wird, richtet sich der fliegende Vogel vorne auf *(Abb. 4 a)*: Eindrehen in eine aufwärts gerichtete Kurve. Borelli hat diese Wirkung in einem Modellexperiment nachgewiesen. An einem Korkschwimmer hing ein Stein mit einem schwanzartig aufgerichteten, angeklebten Papierblatt *(Abb. 4 b)*. Bewegt man den Schwimmer nach rechts, so kippt das Modell vorne auf. Diese Vorgehensweise erfüllt ganz präzise die heutige Definition der Technischen Biologie: Technisch-physikalisches Wissen wird benutzt, um einen biologischen Vorgang kurz und sachangemessen zu beschreiben.

Bionik: Sir G. Cayley (1773–1857)

Sir George Cayley war ein englischer Landedelmann, der sich der „Aeronautik" (wir würden heute „Flugphysik" sagen) verschrieben hatte. Auf ihn geht der Bau des ersten autostabilen Flugmodells ebenso zurück wie die Entwicklung des ersten praktikablen Fallschirms.

Im Jahre 1829 studierte er die Frucht des Wiesenbocksbarts, *Dragopogon orientale*, und erkannte, warum die Früchtchen autostabil fallen: Der Schwerpunkt liegt weit unten, und die tragende Fläche ist nicht eben, sondern nach außen hochgezogen *(Abb. 5)*. Somit wird beim Auslenken durch Luftböen ein autostabiles Einschwenken in die Ruhelage erzwungen.

Auch beim Cayley-Fallschirm lag der Schwerpunkt weit unten, und die Tuchflächen waren an den Außenrändern nach oben hochgezogen. Diese Übernahme der Prinzipien entspricht präzise der Vorgehensweise moderner Bionik.

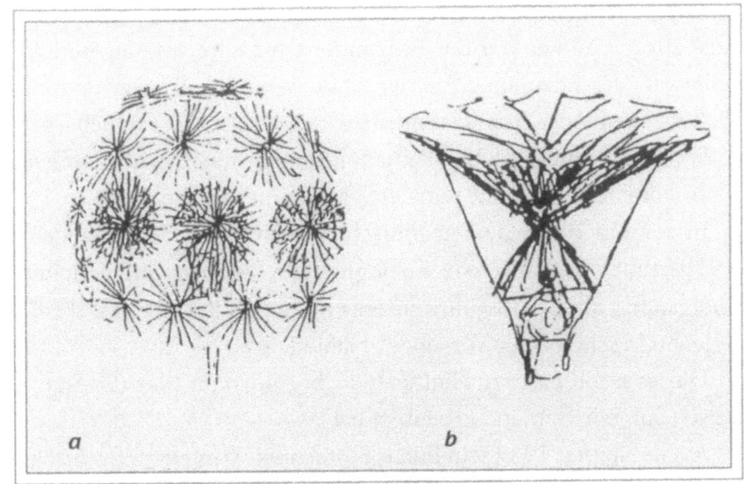

Abb. 5 a+b:
a) Vorbild Wiesenbocksbart
b) Sir George Cayleys bionischer Fallschirm.
Skizzen aus dem Jahr 1829

Technische Biologie und Bionik:
Leonardo da Vinci (1452–1519)

Wenn man so will, ist Leonardo da Vinci der Gründungsvater beider moderner Sichtweisen, der „Technischen Biologie" wie der „Bionik". In seinem Buch über den Vogelflug (Sul volo degli uccelli, Florenz 1505) beschreibt er, wie sich die Handschwingen eines großen Vogels beim Abschlag zusammenlegen, beim Aufschlag dagegen auseinanderspreizen: „Technische Biologie" par excellence.

Nach dieser Beobachtung versuchte er, Schlagflügel zu bauen, bestehend aus Weidenrutengeflechten und leinengetränkten Klappen. Eine analoge „bionische Übertragung" in die Flugtechnik. Auch wenn sie nicht funktionierte, stand sie doch im Einklang mit der Vorstellung und dem Wissen seiner Zeit.

Ansätze des frühen 20. Jahrhunderts:
Raoul H. Francé, Alf Gießler

R.H. Francé war ein Universalgelehrter, Vertreter eines Wissenschaftler-Schlags, wie es ihn heute nicht mehr gibt. Insbesondere in den ersten 3 Jahrzehnten unseres Jahrhunderts war er publikatorisch außerordentlich produktiv und erreichte eine große Breitenwirkung. Auf ihn geht die Gründung der Zeitschrift „Mikrokosmos" zurück und er war der Begründer der Lehre von der Boden-Lebewelt, des Edaphons. Von der Natur lernen – das war ihm ein wichtiges Anliegen, das alle seine Arbeiten durchzieht. Freilich hatte er die Übertragungsmöglichkeiten oft unfunktionell-naiv gesehen, doch schmälert das nicht seine engagierte Sichtweise.

In seinem Buch „Die technischen Leistungen der Pflanzen" (1919) führt er zahlreiche Analogien auf, von den pflanzlichen Hochbauten über Bewegungssysteme bis hin zu den „Zellfabriken", in denen biochemische Vorgänge ablaufen.

Dieses Buch hatte A. Gießler sehr beeindruckt, der die Sichtweisen aufgegriffen und erweitert hat.

A. Gießler hat 1939 sein Buch „Biotechnik" vorgelegt. Er durchforstet darin die Natur – schon ganz im modernen Sinn – nach Anregungen für technisches Umsetzen und beschränkt sich auch nicht auf biomechanische Aspekte sondern bezieht beispielsweise Gesichtspunkte der Nachrichtenübermittlung („Elektrotechnik") und andere technische Disziplinen mit ein. Die Darstellungen sind stark von der Ideologie des Nationalsozialismus gefärbt, und man muß deshalb bei der Lektüre den Spreu vom Weizen trennen. Die rein physikalisch-technischen Ausführungen sind dabei interessant und zukunftsweisend.

Mit dem beginnenden zweiten Weltkrieg haben Gesichtspunkte eines Lernens von der Natur keine wesentliche Rolle mehr spielen können, sonst hätte das Gießlersche Buch vielleicht eine Schrittmacherfunktion haben können.

Aspekte der Bionik spielen dann erst wieder in den 60er Jahren eine Rolle. Zum Aufblühen und zu einer wirtschaftlichen Akzeptanz kommt es erst in unseren Tagen.

Es braucht eben seine Zeit, bis sich Sichtweisen durchsetzen.

Am Anfang steht der
analoge Vergleich

Als „Analogieforschung" hat der Berliner Biologe G. Helmcke in den frühen 60er Jahren die Parallelbetrachtung biologischer und technischer Strukturen und Systeme bezeichnet (Helmcke 1972). Eine solche Betrachtungsweise bildet tatsächlich den Ausgangspunkt aller Studien (Anm. 4). Sie wurde allerdings mißverstanden. Verbieten einen solchen Vergleich nicht technische Modellgesetze, Nichtlinearitäten in der Größenabhängigkeit ihrer Kenngrößen und was auch immer?

Grashalm und Fernsehturm

Man darf vorab festhalten: Verboten ist gar nichts. Vergleichen darf man alles. Ein Vergleich kann sich höchstens als sinnleer herausstellen – dann hat man Pech gehabt und einen Ansatz umsonst gemacht. Wenn man aber nicht vergleicht, kann man auch nicht auf weiterführende Ideen kommen. Daß Ideen nicht immer und nicht bei jedem Vergleich hervorsprudeln, darüber wundert sich der Forscher nicht. Der Forschungsalltag besteht zum Großteil aus mißglückten Ansätzen. Das war nie anders.

Am Beispiel einer pflanzlichen und einer technischen Hochbaukonstruktion sei diese Überlegung einmal etwas weiter verfolgt *(Abb. 6)*.

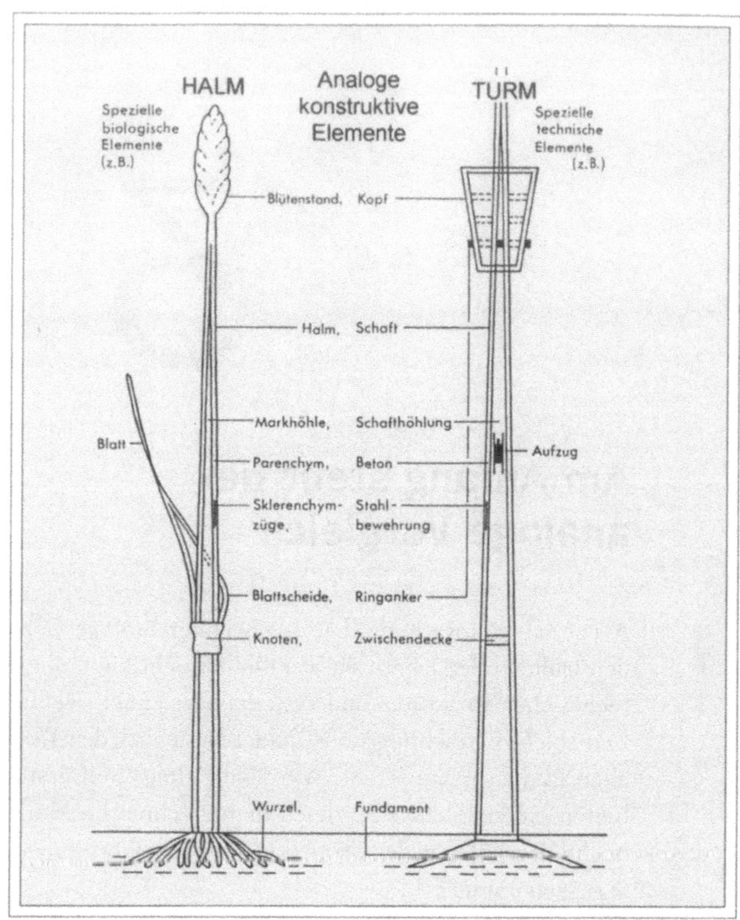

Der Technikvergleich läßt den Grashalm besser verstehen

Durch das ältere biologische Schrifttum geistert das Märchen von der technischen Überlegenheit des Grashalms. Ein Getreidehalm sei im Mittel d = 0,4 cm dick und l = 1,60 m hoch (Längen-Dicken-Verhältnis 400 : 1). Wäre ein 3 m breiter Schornstein so gut konstruiert wie ein Grashalm, könnte er 1,2 km hoch gebaut werden. Kann das stimmen?

Die technische Physik zeigt, daß das nicht stimmen kann. Bereits im 19. Jahrhundert war bekannt („Barba Kicksches Gesetz der proportionalen Widerstände"), daß zwischen Dicke d und Länge l von Hochbauten, die unter zentraler achsenparalleler Belastung nur dem

Eigengewicht unterworfen sind, nicht die Beziehung gilt d ~ l, sondern die Beziehung

$$d \sim l^{3/2} \sim l^{1,5} \sim l \cdot \sqrt{l}$$

Würde ein Grashalm 120 m hoch wachsen, so dürfte er nicht 30 cm, sondern er müßte 3,3 m dick sein (Verhältnis 36 : 1). Das entspricht den Proportionen des schlanksten Industrieschornsteins der Welt, der ehemaligen Halsbrücker Esse bei Freiberg in Sachsen *(Farbtafel 9)*. Auch Bäume werden um so plumper, je höher sie sind *(Abb. 7)*. Ein Blick auf die Technik bewahrt also vor unangemessener Überschätzung der biologischen Konstruktion.

Der Naturvergleich kann der Technik neue Impulse geben
Wir haben in meiner Arbeitsgruppe u.a. das in der Gräserevolution weit entwickelte Pfeifengras *(Molinia coerulea)* auf seine Stabilitätseigenschaften hin untersucht und dabei neben anderen interessanten Befunden folgendes Ergebnis erhalten: Obwohl das Flächenträgheitsmoment der tragenden Elemente kleiner ist als bei einem weniger hoch entwickelten Gras, biegt sich *Molinia* bei Seitenwind weniger ab, ist also steifer. Ein Vorteil, der mit geringem Materialaufwand, aber cleverer Materialverteilung erreicht wird: Vorbild für Lampenmasten?

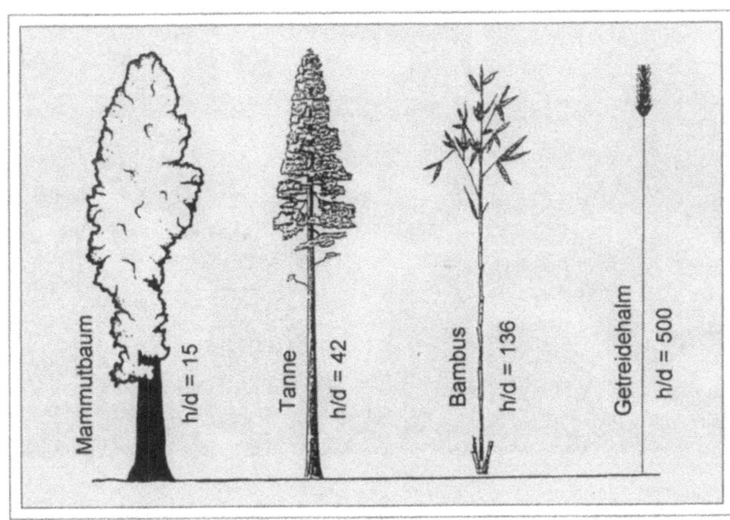

Abb. 7:
Höhere pflanzliche Bauwerke müssen ein „plumperes Design" aufweisen – die Natur konstruiert im Einklang mit den physikalischen Gesetzen

     Am Anfang steht der analoge Vergleich

Mikromorphologie –
eine Fundgrube an funktionellen Formen

Seit es das Rasterelektronenmikroskop gibt, hat man eine große Zahl funktionell hochinteressanter „biologischer Werkzeuge" entdeckt oder zumindest mit neuen Augen gesehen. Man kann mit technischen Werkzeugen oder Geräten vergleichen. Hierzu 6 Beispielpaare (Anm. 5).

Halten: Flügelklemmung und Besenhalter (Abb. 8)
Bei Landwanzen werden Vorder- und Hinterflügel im Flug zusammengekoppelt, nach der Landung aber gelöst. Diese Doppelfunktion wird durch ein besonders raffiniertes Koppelstück an der Hinterkante der Vorderflügel bewerkstelligt: Gleitkopf und Gleitkamm. Hier hinein wird der langgestreckte, hakenförmig „umgebördelte" Vorderrand der Hinterflügel gedrückt. Gerichtete Schuppen verhindern ein Herausrutschen, gebogene kräftige Haare halten den Hinterflügel ortsfest. In ähnlicher Weise fassen die beiden sternförmig genoppten Gummiteile eines technischen Klemmhalters den hineingedrückten Besenstiel fest, lassen ihn aber nach kurzem, heftigem Zug auch wieder frei.

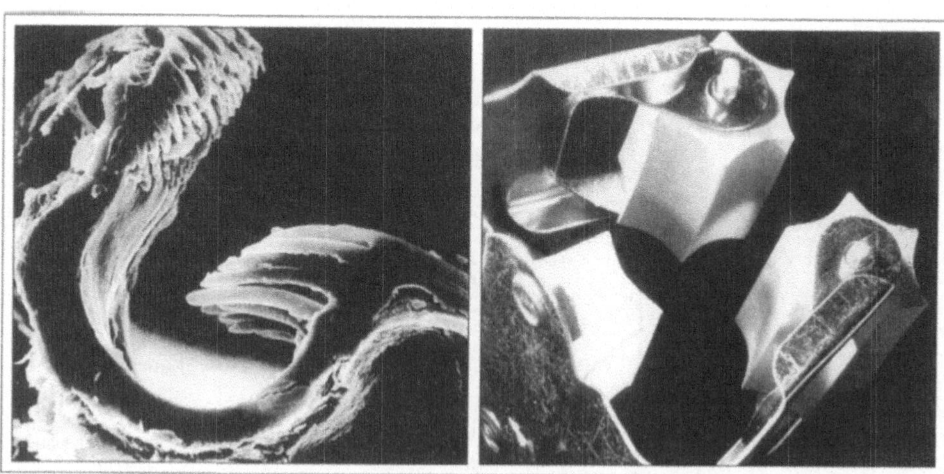

Abb. 8:
Flügelklemmung bei Landwanzen *(links)*; Besenhalter *(rechts, Erläuterung s. Text)*

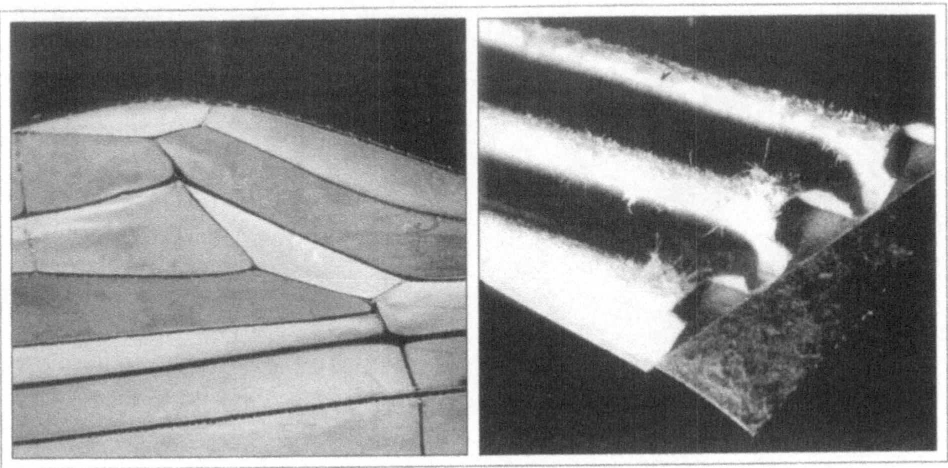

Abb. 9:
Biegesteifigkeit ermöglicht tragende Funktion beim Insektenflügel *(links)*
und bei Wellpappe *(rechts)*

Tragen: Insektenflügel und Wellpappe (Abb. 9)
„Tragen" bedeutet zunächst einmal „sich selbst tragen" und dann
gewöhnlich noch „Zusatzlasten abfangen". Insektenflügel tragen sich
nicht nur selbst, sondern sind in der Lage, beträchtliche Flächendrücke (Luftkräfte, die auf die Spreite wirken) abzufangen, ohne
sich über die Maße zu verbiegen und ohne zu knicken.

Insektenflügel gewinnen Steifigkeit – d.h. Stabilität gegen
Durchbiegung auf Grund der beträchtlichen aerodynamischen
Flächendrücke – nach dem Wellblech- oder Faltwerkprinzip. Die
Falten laufen i. allg. etwa längsgerichtet, so daß gerade die Längs-
richtung gegen Durchbiegung gefeit ist. In ähnlicher Weise funk-
tioniert Wellpappe. Auch diese hat eine Vorzugsrichtung größter
Biegesteifigkeit. Solche Konstruktionen helfen, Material zu sparen
und damit auch Baukosten zu senken und Bauzeiten zu verkürzen.

Verbinden: Saugnäpfe und Seifenhalter (Abb. 10)
Elemente so zusammenzukoppeln, daß sie sich je nach Bedarf fest-
stellen, verschieben oder ganz lösen können, ist eine außerordentlich wichtige Problematik in Natur und Technik. Bei den konstruktiven Ausführungen ist die Struktur stets fein auf die Detailfunktion
abgestimmt. Ansaugen, Verhaken und Tausende anderer Mechanismen sind verwirklicht.

          Am Anfang steht der analoge Vergleich

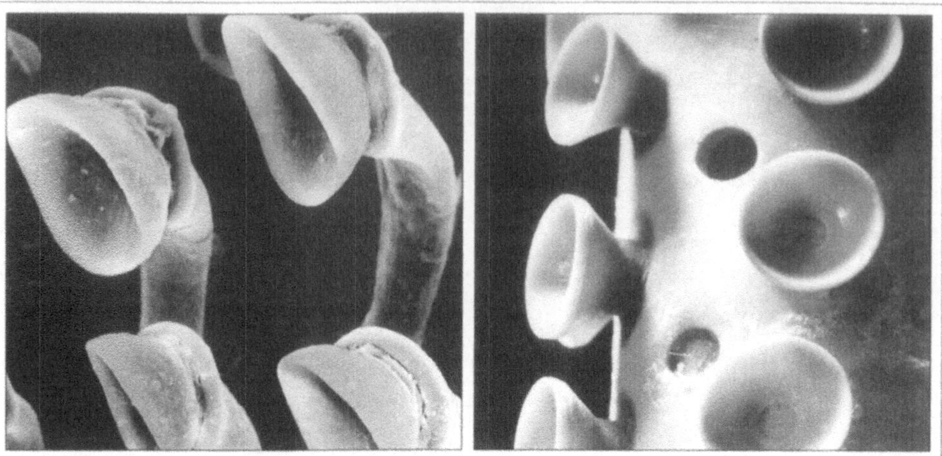

Abb. 10:
Gestielte Saugnäpfe des Gelbrandkäfers Dytiscus marginalis *(links)*; Seifenhalter mit gestielten
Saugnäpfen *(rechts; Erläuterung s.Text)*

Das Männchen des Gelbrandkäfers *(Dytiscus marginalis)* besitzt
an den Vorderbeinen gestielte Saugnäpfe. Beim Aufklatschen ver-
breitern sich die fein-chitinösen, halbkugeligen Kappen an ihren
sehr zarten Rändern, und beim Zurückziehen schaffen sie wegen
der spaltfreien Randlagerung einen Unterdruck und haften. Seifenhalter können beidseitig gestielte Saugnäpfe tragen, die analog
wirken und die glatte Seife festhalten.

Bewegen: Beineinklappen und Taschenmesser (Abb. 11)
Bewegen bedeutet, Konstruktionsteile gegeneinander verkipp-, ver-
dreh- und verschiebbar zu machen, ohne daß sich dabei die Verbindung lösen darf. Hierfür gibt es auch viele biologische Beispiele,
z. B. Gleitführungen, Parallelführungen, Schwalbenschwanzfüh-
rungen sowie die hier genannten Klappmechanismen.
Stutzkäfer *(Histeridae)* leben meist in zerfallenden biologischen
Stoffen. Zum Einarbeiten in das oft zähe Substrat besitzen sie kräftige „Beinschaufeln". Diese können auch zusammengelegt werden.
Hierbei wird das Schienenglied (*Tibia*; in der Abbildung durch den
grob gewellten hohen Rand gekennzeichnet) in das Schenkelstück

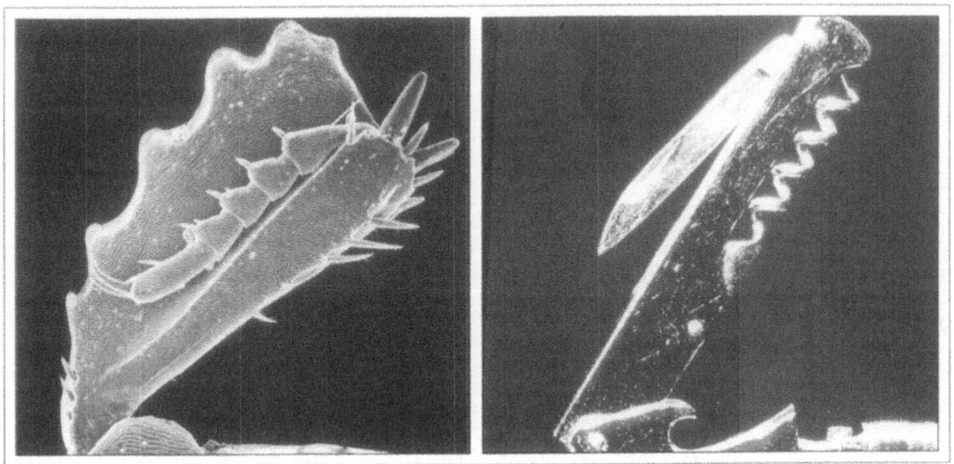

(in der Abbildung unten) eingeklappt, und das fünfgliedrige Fußteil
wiederum wird in einer Nut der Schiene verstaut. Dabei wirkt der
Schenkel wie die äußere Hülle eines Taschenmessers, aus dem nach
Bedarf Einzelteile hochgeklappt werden können.

Eindringen: Legebohrer und Bohrraspel (Abb. 12)
Werkzeuge zum Bohren, Stoßen und Stechen gibt es nicht nur in
der Technik (z.B. in der klassischen Waffentechnik), sondern in vielfältiger Ausbildung auch in der Biologie. Für das Eindringen sind
injektionsnadelähnliche Mechanismen oder Miniaturbohrer und -
sägen entwickelt worden.

Die Riesenholzwespe *Urocerus gigas* entwickelt sich als Larve in
Nadelholz. Die Weibchen bohren sich zur Eiablage mit einem steck-
nadeldünnen, dreiteiligen Legebohrer ins Holz ein. An dessen Stech-
borstenrinne werden zwei sägeartig rauhe Stechborsten über Nut
und Feder geführt. Der Legebohrer trägt Einrichtungen zum Eindrehen, zur Gangerweiterung und zur Verankerung. Entsprechendes gibt es für das Eindringen. Analoge technische Werkzeuge sind
als Bohrraspeln bekannt.

Am Anfang steht der analoge Vergleich

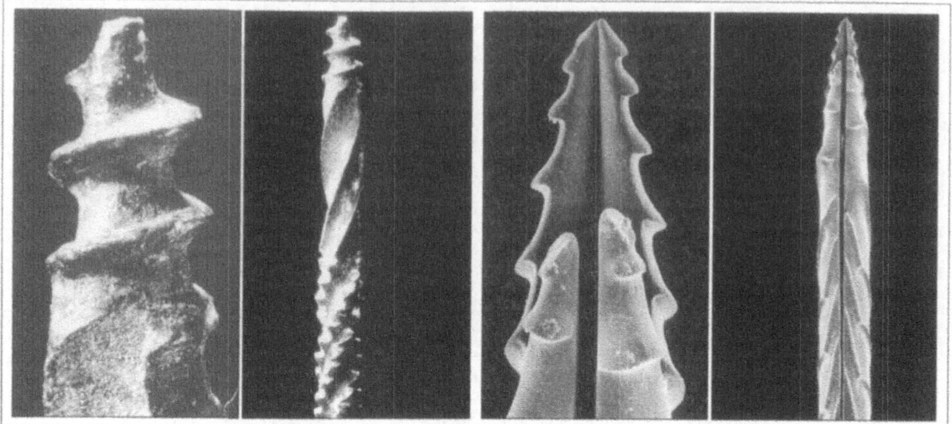

Abb. 12:
Legebohrer der Riesenholzwespe Urocerus gigas *(rechts)*; Bohrraspeln aus dem technischen Bereich *(links; Erläuterung s.Text)*

Aufnehmen: Fühlerbürste und Rundbürste (Abb. 13)
Das Ergreifen und Aufnehmen von Material, sei es flüssig oder pulverförmig, bedarf speziell ausgeformter tupfer-, schaufel- oder bürstenartiger Werkzeuge. Bisweilen reicht dazu die kapillare Haftung zwischen dem Aufnehmer und der aufzunehmenden Substanz. Oft spielt Adhäsion oder leichte Klebung eine Rolle.

Der Handkäfer *(Dyschirius)* besitzt an seinen Vorderbeinen einen Fühlerputzapparat in Gestalt einer „Rundbürste" aus radiär gegeneinander stehenden, abgeplatteten Borsten, deren Enddurchmesser genau auf den mittleren Durchmesser des Fühlers abgestimmt ist. Mit einer ähnlichen Rundbürste reinigt die Honigbiene ihren Fühler. Sie benutzt dieses Gerät besonders häufig, wenn sie leicht klebrige Pollen einträgt. Auch in der Technik gibt es Spezialbürsten zur Reinigung von Längsführungen, Rundzylindern oder – wie bei der Klosettbürste – Ringnuten.

Was bringt ein solcher Formenvergleich?
Technische Gebilde entstehen in einem Konstruktionsprozeß über Schmierskizzen, Reinzeichnungen, Detailfertigung, Zusammenbau. Ganz anders „natürliche Konstruktionen": Die Gebilde der Natur, so kompliziert sie sind, formen sich im Versuchs-Irrtums-Feld der Evo-

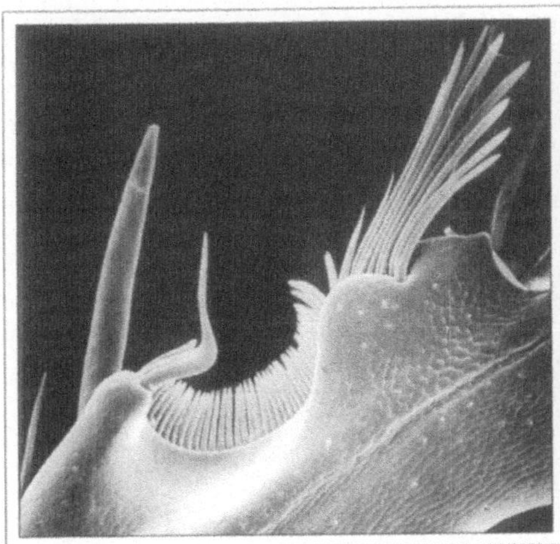

Abb. 13:
Fühlerputzapparat des Handkäfers Dyschirius *(links)*; Rundbürste für Ringnuten *(rechts; Erläuterung s. Text)*

lution über kleine, zufällige Änderungen (Mutationen) und das Verwerfen der nicht angepaßten Formen (Selektion). So unterschiedlich die Methoden sein mögen: Verblüffend ist die Tatsache, daß Natur wie Technik bei gleichen „Vorgaben" zu außerordentlich ähnlichen konstruktiven Lösungen kommen können. Dies wurde an 6 Beispielen dokumentiert, die scheinbar einfach sind, in Wirklichkeit aber bereits hochkomplexen Anforderungen entsprechen müssen.

Der Biologe ist oft in der mißlichen Lage, zwar ein „morphologisches System" vor sich zu haben, aber den Komplexheitsgrad der Anforderungen, denen das System zu entsprechen hat, bei weitem nicht zu durchschauen.

„Konstruktionsmorphologie" nennt der Biologe eine Betrachtungsweise, die biologische Gebilde nicht nur rein morphologisch oder anatomisch beschreibt. Sie bezieht stets die Funktion mit ein und versucht, die Vielfalt all derjenigen Querbeziehungen zwischen Struktur und Funktion zu erkennen und zu formulieren, die erst eine funktionierende biologische Konstruktion ausmachen.

Der Techniker wiederum kann aus dem oft aufs Feinste ausgeprägten strukturfunktionellen Zusammenspiel viel lernen, sei es zur Detailverbesserung bereits bestehender Konstruktionen, sei es als Anregung für neuartige.

     Am Anfang steht der analoge Vergleich

Die ungeheure Vielfalt „ähnlicher" biologischer Konstruktionen

Dem Organismenreich kann man auf Grund seiner langen Evolutionszeit und des äußerst vielfältigen Spielfelds eine ungleich größere Zahl an Konstruktionsmöglichkeiten zuerkennen als der Technik.

Allein für das mechanische Prinzip „Anklammern" gibt es vielleicht tausend bekannte und sicher Zehntausende noch nicht erforschter natürlicher Konstruktionen. Diese Konstruktionen haben die Eigentümlichkeit, in ihrer Struktur stets aufs Feinste auf die Funktion abgestimmt zu sein. Das ist überhaupt ein Kennzeichen biologischer Konstruktionen: das optimale Zusammenspiel von technologischer Anforderung und Materialeigentümlichkeit, von Materialgestaltung und Materialaufwand. Aufgrund dieses so typischen „funktionellen Abgestimmtseins" ist die Optimierung auch der kleinsten und scheinbar nebensächlichsten Anforderungen – ein optimales Verzahnen der sehr verschiedenartigen Anforderungen im Rahmen des Funktionierens eines Organismus – typisch für die Formenwelt des Lebens.

Somit kann man kaum einen Fehler machen, wenn man versucht, von der Natur zu lernen. Dies kann und darf freilich nicht sklavisch geschehen; ein direkter Nachbau würde nirgendwo funktionieren. Das tatsächlich unendlich große Sammelwerk der Natur an Konstruktionen kann aber die vielfältigsten Anregungen geben für eigenständiges technisches Gestalten.

Wie bereits erwähnt liegt hier der Schwerpunkt auf dem Wort „eigenständig", oder sagen wir genauer „ingenieurmäßig eigenständig". In den frühen 60er Jahren gab es schon einmal einen Anlauf, Bionik zu betreiben. Er hatte keinen rechten Erfolg; man sagt, die Zeit wäre dafür noch nicht reif gewesen. Ich meine aber, daß damals zuviel von „Naturkopie" („Biomimese") geredet worden ist. Der Ingenieur konnte damit wenig anfangen und kann es auch heute nicht. Anregung von der Natur ja, Naturkopie nein.

Zehn Grundprinzipien natürlicher Konstruktionen –
„10 Gebote" bionischen Designs

Was sind die charakteristischen Eigentümlichkeiten natürlicher Konstruktionen? Wie kann man die Vorteile dieser Formen- und Funktionswelt für die Technik nutzen?

Wir haben gesehen, daß ein mutiger analoger Vergleich am Anfang stehen muß, und daß es nicht darauf ankommt, ob man dabei bereits tatsächlich Wesentliches oder besonders gut Übertragbares erfaßt hat. Mit dieser Leitschnur lassen sich nun auch die Prinzipien der natürlichen Konstruktionen herausarbeiten. Ich meine, es sind etwa 10 solcher Prinzipien, die die Basis bilden für einen Anforderungskatalog an bionisches Design, das ja die Vorteile des evolutiv geprägten Naturgeschehens bewußt nutzen will.

Es folgen zu jedem dieser 10 Punkte typische Beispiele. Ich will diese nicht gleich auf Übertragbarkeiten abklopfen. Es geht mir vielmehr darum, dem Leser ein Gefühl zu geben, was denn nun die wirklich typischen Eigenheiten biologischer Konstruktionen sind und welcher Anforderungskatalog sich ergibt, wenn man sie als Randbedingungen in technisches Konstruieren – *lege artis* der Ingenieurswissenschaften – einbringt.

Die folgenden Zeilen werden ergeben, daß *energetische Aspekte* einen Grundpfeiler natürlicher Konstruktionen darstellen. Kaum einer der folgenden Punkte wird verständlich, wenn man ihn nicht unter dem Gesichtspunkt der Energieeinsparung betrachtet.

Prinzip 1:
Integrierte statt additiver Konstruktion

Die Technik setzt traditionellerweise Konstruktionen aus Elementen additiv zusammen. Jedes Element hat dabei im wesentlichen *eine Funktion* oder doch zumindest *eine Hauptfunktion*, und es wird auf die Maximierung dieser Funktion hin ausgelegt. Eine Schraubverbindung zwischen Teil A und Teil B untergliedert sich in Schraube, Mutter, ggf. Beilagsscheibe und Sprengring; jedes Teil hat seine Funktion. Die Zylinderkopfdichtung verbindet Zylinder und Zylinderkopf und besteht aus einem anderen Material mit spezifschen, funktionsabgestimmten Eigenschaften.

Ganz anders die Natur. Bei ihr sind die Einzelelemente einer Konstruktion in der Regel multifunktionell. Sie gehen häufig ineinander über, so daß man nicht weiß, wo Element A aufhört und Element B beginnt. Nichtlineare Änderungen in den Elastizitäten werden dabei ebenso häufig eingesetzt wie „fließende Übergänge" in anderen mechanisch wichtigen Eigenschaften. Als Beispiel sei die *Speichelpumpe einer Wanze* beschrieben.

Wie eine klassische technische Pumpe muß diese biologische Miniaturpumpe – sie ist nur 2/10 mm groß – bestimmte Konstruktionselemente enthalten, nämlich Zylinder, Kolben, Dichtungen, Ventile und einen Antrieb. Wie die *Abb. 14* erkennen läßt, sind

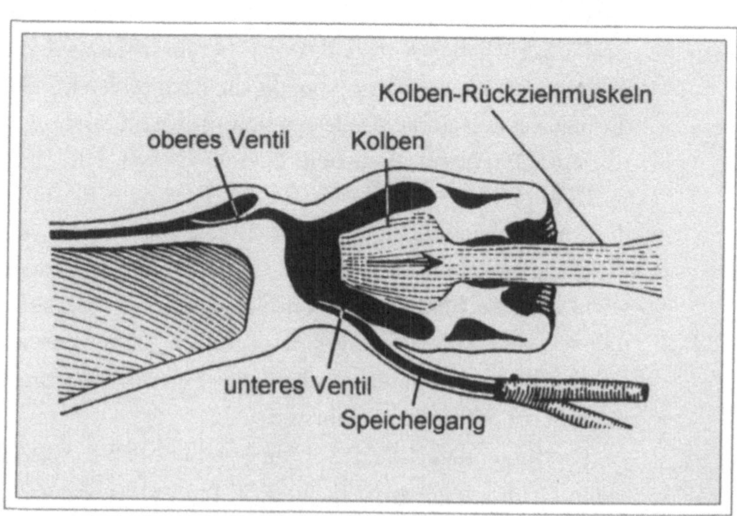

Abb. 14:
Speichelpumpe
einer Rindenwanze

alle diese Elemente da, jedoch komplett integriert. Man kann nicht erkennen, wo der Kolben in die Dichtung und dieser schließlich in den Zylinder übergeht; jeder kleine Ausschnitt dieser Pumpe hat mehrere Funktionen, wobei aber eine Hauptfunktion überwiegt. Auffallend ist, daß der Antrieb nicht zum aktiven Heben und Senken des Kolbens führt. Durch Muskelzug wird der Kolben vielmehr nur gehoben. Es öffnet sich das Einström- und schließt sich das Ausströmventil. Beim Heben werden elastische Strukturen im gesamten Pumpenbereich gedehnt. Hört der Muskelzug auf, so schnurrt der Kolben durch den Ausgleich dieser Elastizitäten wieder in den Zylinder zurück und treibt den Speichel aus. Dabei öffnet sich das Ausström- und schließt sich das Einströmventil. Durch periodische Muskelkontraktionen wiederholt sich der Vorgang rasch hintereinander.

Prinzip 2:
Optimierung des Ganzen statt Maximierung eines Einzelelements

Technisches Konstruieren zielt heute noch vielfach auf die Maximierung der Funktion eines Einzelelements ab. Bei biologischen Konstruktionen wird strikt auf eine Maximierung – die häufig zu Ungunsten anderer Elemente ablaufen muß – verzichtet; vielmehr steht die Optimierung des Gesamtsystems als evolutives Ziel im Vordergrund. Als Beispiel sei der *Hämatokrit* von *Säugerblut* betrachtet.

Unter dem Hämatokrit versteht man den Volumenanteil geformter Butbestandteile (im wesentlichen rote Blutkörperchen) im Verhältnis zum Volumen des Gesamtbluts. Den Volumenanteil der roten Blutkörperchen gilt es zu optimieren, und zwar im Widerstreit von mindestens zwei gegenläufigen Anforderungen: Zum einen wäre ein *großer Anteil* gut, damit mehr Sauerstoff transportiert wird, zum anderen wäre ein *kleiner Anteil* gut, weil dadurch die Blutzähigkeit sinken und die Zirkulationsgeschwindigkeit steigen würde: Auch dadurch würde in der Zeiteinheit mehr Sauerstoff transportiert werden *(Abb. 15)*.

Offenbar ist die Maximierung der Sauerstoffbindungskapazität nicht das letztendlich wichtige Ziel. Viel wichtiger ist eine Optimierung des Fließvermögens dergestalt, daß in der Zeiteinheit ein

Die „10 Gebote" bionischen Designs

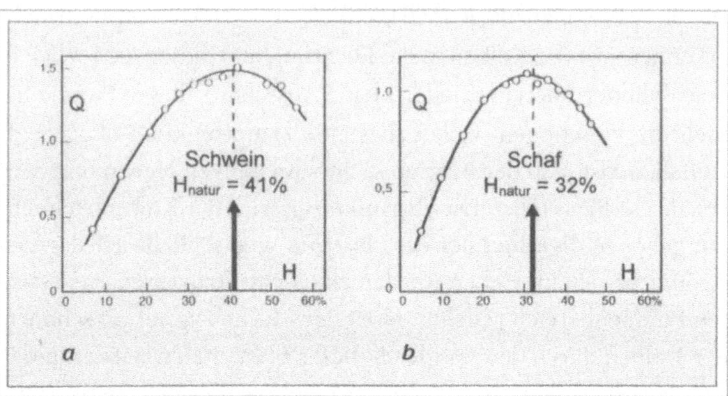

Abb. 15:
Zusammenhang zwischen Hämatokrit H und Fließvermögen Q. Die experimentellen Kurven des Fließvermögens erreichen ihren Höchstwert jeweils bei demjenigen Hämatokrit H_{natur}, der tatsächlich gemessen worden ist

ausrechend großes Volumen Sauerstoff transportiert werden kann, ohne daß andere Blutfunktionen dramatisch benachteiligt werden.

Prinzip 3:
Multifunktionalität statt Monofunktionalität

In der Technik hat ein Bauelement meist eine bestimmte Aufgabe (oder doch eine erkennbare Hauptaufgabe), ein anderes wieder eine andere. In der Biologie ist es meistens so, daß ein Bauelement mehrere – oft gegenläufige und damit in gegenseitiger Abstimmung zu optimierende – Aufgaben erfüllt (vgl. Prinzip 2) oder daß in Form einer Vernetzung eine Aufgabe von mehreren kooperierenden Elementen wahrgenommen wird (vgl. Prinzip 9).

Ein Beispiel wäre der Bau der Eischale bei der Schmeißfliege. Sie ist von einer Membran aus Chitin – dem Baustoff des Insektenreichs – umhüllt, aber diese „Membran" hat es in sich. Sie muß zumindesten 4 gegenläufige Anforderungen unter einen Hut bringen:

— *Stabilität:* Eine gewisse Grundstabilität muß gegeben sein (Formerhaltung).
— *Elastizität:* Lokale Verformungen müssen elastisch abgefedert werden (Formwiederherstellung).
— *Wasserdurchtritt:* In Form von Wasserdampf muß Wasser durchtreten können; Tropfwasser darf dagegen nicht durchtreten (selektiver Wasserdurchtritt).

— *Gasdurchtritt:* In das stoffwechselaktive Eigewebe muß von außen Sauerstoff eindiffundieren, und es muß das produzierte Kohlendioxid ausdiffundieren können (behinderungsfreier Gasdurchtritt).

Die Natur löst diese gegenläufigen Anforderungen mit einem einzigen Baustoff, nämlich dem Chitin, das aber in raffinierter Weise ausgeformt wird. Relativ dicke basale Pfeiler tragen ein nach oben sich verjüngendes, immer feiner werdendes Maschenwerk, das an der äußeren Oberfläche in ein sehr feines, gitterrostartiges Abdecksystem übergeht.

Die Geometrie dieses Gitterrostes sorgt dafür, daß sich Tropfwasser nicht kapillar ausbreiten kann (Randwinkeleffekt). Die äußeren Gitteröffnungen sind so fein, daß zwar Gas und Wasserdampf durchtreten können, Schmutzpartikelchen, Bakterien etc. aber zurückgehalten werden. Der Gesamtaufbau kombiniert darüber hinaus die geforderte Stabilität und Elastizität. Ein Blockdiagramm der Chitinhaut des Fliegeneis zeigt *Abb. 16 a.*

Ein weiteres Beispiel: der Stachelschweinstachel. Dieser Wehrapparat soll möglichst stabil sein, dabei aber auch möglichst leicht. Die Natur löst diese gegenläufgen Anforderungen durch ein räumliches System aus von innen nach außen und wieder von außen nach innen laufenden Lamellen, die sich, durch „styroporartige" Schaumkügelchen abgestützt, ineinander verfalzen, sich aber nicht oder nur wenig berühren. *(Abb. 16 b).* Auch dieses recht komplexe System wird aus einem einzigen Baustoff aufgebaut: in diesem Fall aus Hornsubstanz.

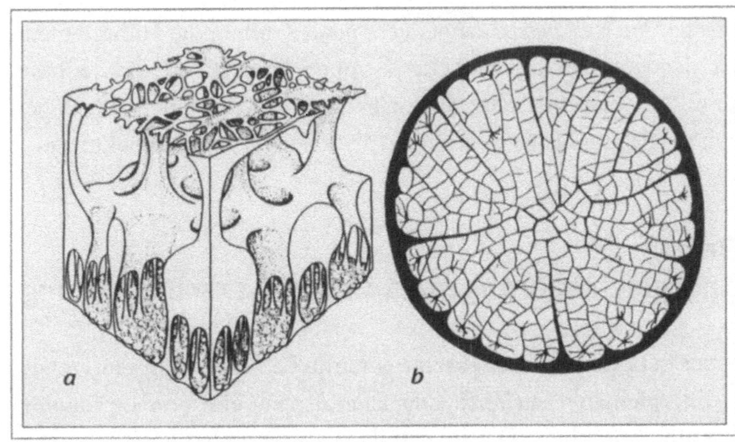

Abb. 16 a+b:
a) Blockausschnitt aus einem Fliegenei;
b) Querschnitt durch einen Stachelschweinstachel

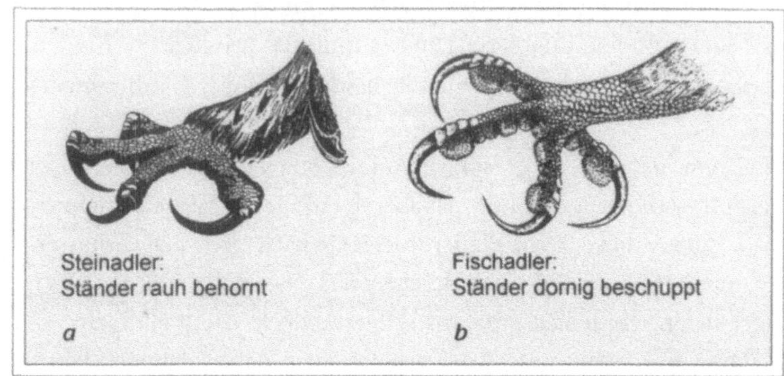

Prinzip 4:
Feinabstimmung gegenüber der Umwelt

Die Interaktion zwischen einem Lebewesen und seiner belebten oder unbelebten Umwelt erfordert vielfältige Abstimmungen, die sich auch in feinen morphologischen Details äußern. Solche Details versteht man oft erst dann, wenn die Art der Abstimmung bekannt ist. Hierfür gibt es Tausende von Beispielen.

Die *Abb. 17* zeigt ein einfaches Beispiel, nämlich die Greiffüße zweier Adler, die sich im Beutespektrum deutlich unterscheiden. Der Steinadler *(Aquila chrysaetos)* schlägt im wesentlichen felltragende Kleinsäuger. Seine Krallen sind gebogen und scharf, die Unterseite ist mit schuppenartigen Rauhigkeiten besetzt, die sich im Fellkleid verfangen können.

Der Fischadler *(Pandion haliaetus)* fängt, wie der Name sagt, Fische. Auch er besitzt lange, gebogene Krallen; die Fußunterseite ist dagegen mit eigenartigen Noppen besetzt, die sich adhäsiv und/oder durch leichte Saugwirkung besser mit der glitschigen Oberseite des Fisches verbinden als schuppenartige Strukturen.

Prinzip 5:
Energieeinsparung statt Energieverschleuderung

Jedes Lebewesen hat über seine gesamte Lebenszeit nur eine gewisse Energiemenge zur Verfügung, kann also nur eine gewisse Gesamtleistung ausgeben. Diese verteilt sich nun auf die vielfältigsten

Lebensvorgänge. Wenn ein Vorgang zuviel Energie schluckt, steht für einen anderen, vielleicht ebenso lebenswichtigen, weniger zur Verfügung.

Es leuchtet ein, daß die Energieeinsparung „im Gesamtsystem" (also auch bei allen Teilvorgängen) absoluten Vorrang hat. Dies ist die Richtschnur, unter der man Organismen eigentlich erst verstehen kann.

Schwimmt ein Fisch zu langsam, braucht er möglicherweise weniger Energie, wird dafür aber vielleicht eher gefressen. Schwimmt er zu schnell, hat er möglicherweise von vornherein eine größere Chance, nicht gefressen zu werden; dafür kann er z.B. weniger Eier legen, deren Aufbau ja eine Menge an Energie bindet. Damit sinkt seine Fortpflanzungschance. Um fortpflanzungsmäßig bestehen zu können, darf er also einerseits nicht zu langsam schwimmen, andererseits nicht zu wenig Eier produzieren. Mit dem Dilemma kommt der Fisch am ehesten zurecht, wenn er einerseits den Bewegungsapparat, andererseits den Eibildungsmechanismus bis aufs Feinste soweit entwickelt, daß beide möglichst wenig Energie ausgeben.

Energieeinsparung ist das Phänomen, das dem höchsten Evolutionsdruck unterworfen ist. Man möchte es der Technik ins Stammbuch schreiben.

Dem Menschen als Zivilisationsgeschöpf wird in Zukunft nur eine beschränkte Gesamtenergiemenge zustehen. Die Problematiken ähneln sich.

Prinzip 6:
Direkte und indirekte Nutzung
der Sonnenenergie

Ein Ausweg aus dem eben genannten Energiedilemma ergibt sich darin, daß Lebewesen auf direkte oder indrekte Weise die Sonnenenergie nutzen, wo immer dies möglich ist (Anm. 6). Hierfür 3 Beispiele.

Direkte Nutzung: Aufwärmen
Viele Reptilien stellen oder legen sich früh am Tag so hin, daß ihre Körperoberfläche möglichst abgeflacht und senkrecht zur Sonne

ausgerichtet ist. Die reiche Durchblutung der Unterhaut verteilt die aufgenommene Wärme über den ganzen Körper. Die „Technologie" dafür ist prinzipiell einfach. Analoges gilt für die Humantechnologie: die direkte Sonnennutzung ist prinzipiell einfach. Das ungeheuere Potential, das sich gerade deshalb für den Menschen auftut, wird heutzutage seltsamerweise erst in Ansätzen genutzt.

Einfach-indirekte Nutzung: Bautenlüftung
Windbewegungen auf dieser Erde sind zur Gänze sonneninduziert. Wenn der amerikanische Präriehund (*Cynomys;* kein Hund, sondern ein Nagetier) nur einen seiner Bauausgänge erhöht, entsteht nach dem Bernoulli-Prinzip durch den darüberstreichenden Wind eine (richtungsunabhängige) Druckdifferenz, so daß der Bau zwangsdurchströmt und damit zwangsbelüftet wird *(Abb. 18).* Berechnungen haben ergeben, daß ohne diesen einfachen, aber offensichtlich „genialen" Trick solche Bauten gar nicht bewohnbar wären.

Die Technik sog. primitiver Kulturen (etwa im alten Iran) hat Windeffekte (Lüftung, Klimatisierung) bis zur Perfektion entwickelt. Die moderne Technik glaubt es sich leisten zu können, auf dieses kostenlose Angebot zugunsten nicht erneuerbarer Energien verzichten zu können.

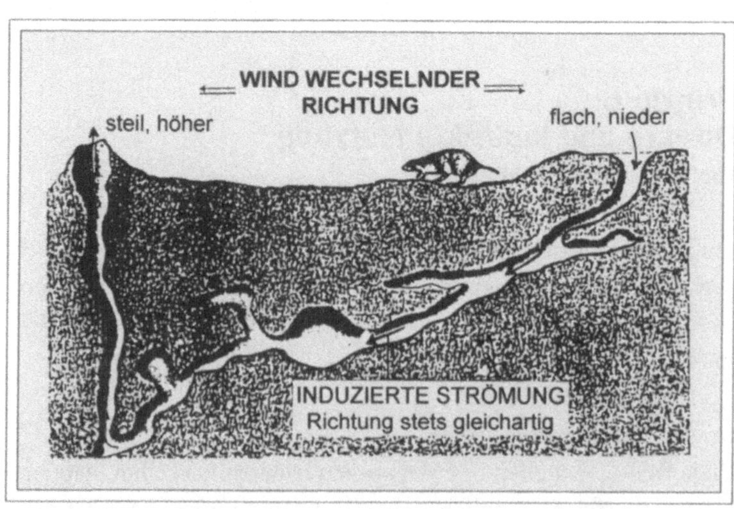

Abb. 18:
Zwangslüftung
eines Präriehundbaus

Mehrfach-indirekte Nutzung: Photosynthese

Auf ebenso komplizierte wie faszinierende Weise nutzt die grüne Pflanze das Sonnenlicht – über mehrere Zwischenstationen – als Energiespender für die Photosynthese. Die Summengleichung läßt nichts von der Komplexheit der Vorgänge ahnen:

$$6\ CO_2 + 6\ H_2O + \text{Strahlungsenergie} \rightarrow 1\ C_6H_{12}O_6 + 6\ O_2$$

In Worten: Unter der Wirkung des Sonnenlichts verbindet der grüne Pflanzenfarbstoff Chlorophyll Kohlendioxid aus der Luft mit Wasser zu Glukose, wobei Sauerstoff (als „Abfallprodukt") freigesetzt wird. Auf dem Weg zur Glukose sind 2 Reaktionen hintereinandergeschaltet, die man denn auch Primär- und Sekundärreaktion nennt.

In der *Primärreaktion* wird Wasser unter Einspeisung von Energie aus dem Sonnenlicht in Protonen (H^+), Elektronen und Sauerstoff zerlegt. Es wird also intermediär Wasserstoff frei, wenngleich in ionisierter Form. Deshalb kann dieser Teil der Photosynthese auch als Vorbild für eine biochemische Wasserstofftechnologie („künstliche Photosynthese") dienen. Protonen und Elektronen werden – nach Durchlaufen zweier Redoxketten – durch die letztere an eine Redoxsubstanz gebunden und „aufgehoben" ($\rightarrow$ NADPH + H^+). Durch den Protonendruck im Inneren der Membrantaschen, an denen diese Vorgänge stattfinden (Thylakoidmembranen; *Abb. 19*) wird gleichzeitig eine Energiespeichersubstanz energetisch aufgeladen (ADP + P $\rightarrow$ ATP). Am Ende der Primärreaktion stehen also Protonen, Elektronen und gespeicherte Energie zur Verfügung.

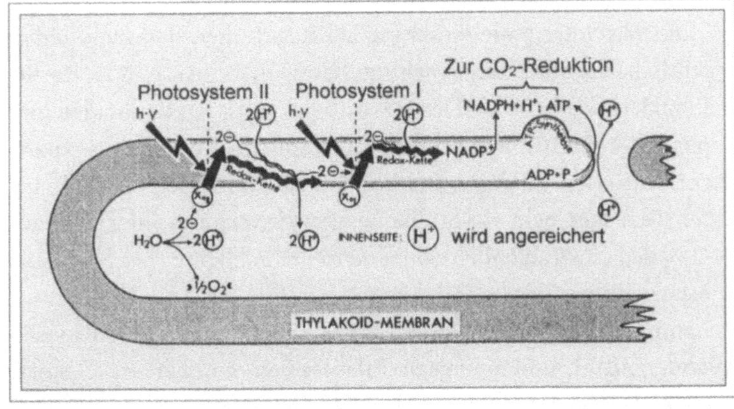

Abb. 19:
Schema der Photosynthese: Primärprozeß (die „CO_2-Reduktion" wäre der Sekundärprozeß)

  Die „10 Gebote" bionischen Designs

Biomembranen wie die Photosynthesemembranen können Denkanstöße für die Weiterentwicklung der Solartechnik geben, wenngleich die biologischen Konzepte nicht direkt für die Technik übernehmbar sind. Photosynthesenembranen sind nur etwa 4 Billionstel Millimeter dick und bestehen aus einer proteinbedeckten Lipiddoppelschicht, die von größeren photosynthetischen Proteinkomplexen durchspannt wird. Heutige Pflanzen entwickeln bei der Photosynthese Sauerstoff. Ursprüngliche Purpurbakterien – die es schon gab, als unsere Atmosphäre noch sauerstofffrei war – tun dies nicht. Sie bestehen nur aus 3 funktionellen Bausteinen und sind interessant, wenn es um die Untersuchung der Photosynthese an einem einfachen Modell geht.

Den 1. Baustein stellen die „Antennenpigmente" dar, die Lichtquanten absorbieren können. Ihre Energie wird über eine Elektronenanregung auf den 2. Baustein, das Reaktorzentrum, übertragen. Dort trennt die eingespeiste Energie die elektrischen Ladungen. Über den 3. Baustein, eine Elektronenübertragungskette, wird schließlich ein Protonengradient aufgebaut; dieser ist dann die treibende Kraft für das Aufladen von „Energieakkus" (Phosphatbindungen in ATP-Molekülen). Somit wird Energie der Sonnenstrahlen in energiereichen chemischen Verbindungen gespeichert. In dieser Form kann sie immer dann eingesetzt werden, wenn ein Organismus Energie braucht, beispielsweise zur Bewegung.

Zurück zur grünen Pflanze. In der folgenden *Sekundarreaktion*, die auch im Dunkeln abläuft und deshalb Dunkelreaktion genannt wird, wird die gespeicherte Energie dazu benutzt, Kohlendioxid der Luft, Protonen und Elektronen zu energiereichen Zuckersubstanzen (Glukose) zu verbinden.

Die Wirkungsgrade dieser beiden Reaktionen sind nicht unbeträchtlich. Für die Primärreaktion betragen sie etwa 38 %, für die Sekundärreaktion 36 %. Der Gesamtwirkungsgrad der beiden hintereinandergeschalteten Vorgänge beträgt (im Reagenzglasexperiment!) also $0,38 \cdot 0,36 = 0,14$ oder 14 %. Im realen Fall, z. B. bei einem Maisfeld, geht viel Strahlungsenergie verloren. Hier wird nur 1–2 % der einstrahlenden Sonnenenergie in chemischer Speichersubstanz aufbewahrt.

Vom „energetischen Design" her ist die Photosynthese also kein Wundermittel, und eine reale Pflanzengemeinschaft ist dies erst recht nicht. Doch auch hier steht nicht die „Maximierung" von Einzelprozessen im Vordergrund, sondern die Optimierung des Gesamtsystems (siehe Prinzip 2). Die gewaltigen Energiemengen, die von Pflanzen umgesetzt und gespeichert werden, beruhen eher auf einer großen Zahl parallel laufender „Lichtfangeinrichtungen" und „chemischer Fabriken" (Pflanzenblätter).

Analog sollte man sein Augenmerk nicht so sehr darauf richten, z.B. die Wirkungsgrade photovoltaischer Einrichtungen noch um ein halbes Prozent hochzudrücken, sondern „brauchbare" Einrichtungen mittleren Wirkungsgrads zu entwickeln, die in großer Serie preiswert auf den Markt gebracht und dadurch vielfach parallel genutzt werden können.

Prinzip 7:
Zeitliche Limitierung statt unnötiger Haltbarkeit

Viele unserer technischen Errungenschaften sind unnötig langlebig und unnötig stabil konstruiert. Es wäre sehr zu überlegen, ob eine bewußte Ausrichtung auf die durchschnittlich zu erwartende Lebenszeit nicht zu Materialeinsparungen und damit auch zu wichtigen Energieeinsparungen führen kann.

Dies gilt z.B. in starkem Maß für unsere Baukonstruktionen. Es ist nicht einzusehen, daß der traditionelle Ziegelbau heute noch das Nonplusultra sein soll. Warum konzipiert man Häuser nicht modulartig aus vorgefertigten, modernen (lichtnutzenden, wärmedämmenden etc.) Materialien, die leicht verbunden und problemlos wieder getrennt, wiederverwertet oder rezykliert werden können? Wer weiß heute, welche Materialien und Bauformen, welche ökologisch relevanten bauphysikalischen Prinzipien in 10, 20 oder 30 Jahren zur Hand sein werden? Es kann viel vernünftiger sein, dann eine neue Behausung zu bauen, als eine „immobile" alte mit Technologien der vergangenen Jahrzehnte weiter zu nutzen. Die Natur benutzt dieses Prinzip durchgehend. Ein Bespiel: das *Baumaterial der Stinkmorchel.*

Die Stinkmorchel *(Phallus impudicus)* muß ihren sporenbesetzten Kopf nur 3 Tage halten, dann haben Fliegen alle Sporen weggetragen und der Hochbau ist funktionslos geworden. Das Materialkonzept besteht darin, daß die spongiöse, auf kurze Funktionszeit ausgerichtete tragende Masse innerhalb weniger Stunden nach dem Funktionsloswerden vollständig zerfällt und rezykliert wird *(Abb. 20 und Farbtafel 15).*

     Die „10 Gebote" bionischen Designs

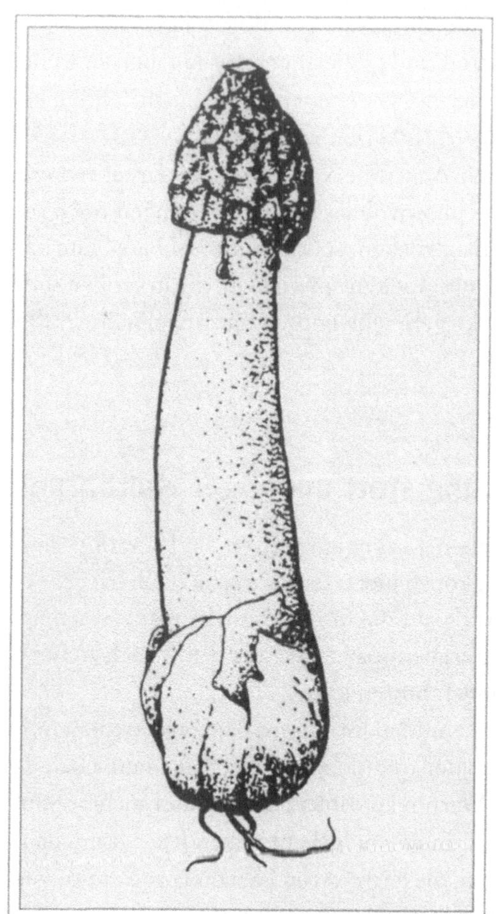

Prinzip 8:
Totale Rezyklierung statt Abfallanhäufung

Dies ist eines der wichtigsten Prinzipien der belebten Welt überhaupt. Trotzdem soll es hier nur mit einigen wenigen Zeilen angesprochen sein; geradezu erdrückend ist die darüber publizierte Literatur.

Man kann es nicht oft genug wiederholen: Die Natur kennt keinen Abfall. Ist die Lebensspanne eines Organismus zu Ende gegangen, zerfällt das zeitlich terminierte Material (siehe Prinzip 7). Dies kann unter Wirkung physikalischer Faktoren (Temperatur, UV-Strahlung) beschleunigt werden. Im wesentlichen sind es organisch-chemische Reaktionen, die an Lebewesen (Bakterien, Pilze) gebunden sind, mit Hilfe derer die organische Substanz mineralisiert wird. Anorganisch-chemische Reaktionen kommen hinzu. Letztendlich wird die Substanz in eine Form überführt, die für andere Aufbauprozesse anorganische Bestandteile zur Verfügung stellt.

Extrem wichtig: Es bleibt prinzipiell „nichts übrig". Selbst schwer abbaubare Silikatstrukturen (Radiolarien, Diatomeen) oder Kalkstrukturen (Globigerinen), die jahrmillionenalte Ablagerungen bilden, werden nach geologischen Zeiträumen umgesetzt. Im tropischen Regenwald beträgt die Rezyklierungszeit der Humusauflage dagegen nur einige wenige Jahre.

Auf die letztgenannten, extrem wichtigen Prinzipien kommt dieses Buch vielfach zurück (vgl. z.B. S. 53).

Prinzip 9:
Vernetzung statt Linearität

In der Natur ist alles mit allem vernetzt und vermascht, weitaus stärker als dies bei noch so komplexen Technologien des Menschen der Fall ist (Anm. 7). In bionischer Übertragung könnte man sagen: Keine Angst vor – linear betrachtet unverständlicher – äußerster Komplexheit. Die Natur arbeitet vielfach „statistisch" und unter Nutzung des gewaltigen Potentials der Selbstorganisation. Es kommt dabei zu relativ stabilen Systemen.

So ist etwa das aus dem Zusammenhang gelöste ökologische Beziehungsschema 1 der *Abb. 21* logisch-linear gut zu verstehen, das reale Beziehungsschema 2 dagegen nicht mehr (vgl. S. 54). Jedermann weiß aber, daß letzteres zumindest einen Sommer lang angenähert stabil bleibt.

Prinzip 10:
Entwicklung im Versuchs-Irrtums-Prozeß

Im Gegensatz zum planenden Ingenieur konstruiert die Evolution nicht zielgerichtet. Die Evolutionsstrategie in der Technik mit ihren

    Die „10 Gebote" bionischen Designs

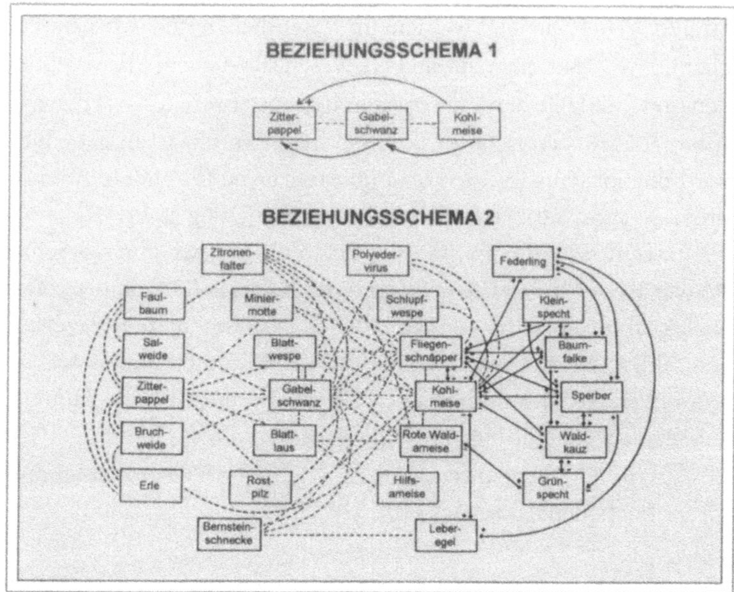

Abb. 21:
Beziehungsschema
der ökologischen
Vernetzung eines
Waldrands

unterschiedlichen Facetten versucht, diese Vorgehensweise nach-
zuempfinden; wir kommen weiter unten darauf zu sprechen.

Evolution arbeitet nach dem folgenden Prinzip: Viele kleine
Änderungen im Erbgut verändern Nachkommen – unmerklich für
das normale Zusehen. Ändern sich aber Umweltbedingungen, so
werden immer einige Nachkommen vorhanden sein, die von vornherein mit diesen Änderungen besser zurechtkommen. Sie haben
damit größere Chancen, ihre (veränderten) Gene weiterzugeben.

Die folgenden Begriffe werden später – bei der Besprechung
der Evolutionsstrategie, ab S. 105 – wieder verwendet.

Mutation: Zufällige kleine Veränderungen im Erbgut.
Rekombination: Neukombination der Gene im Zuge der
Keimzellbildung.
Selektion: Einwirkung von Umwelteinflüssen auf die Träger
genetischer Merkmale und damit indirekt auf die
Weitergabe dieser Merkmale.
Population: Eine Menge von artgleichen Individuen, die eine
Fortpflanzungsgemeinschaft bilden.

Zur Praxis bionischen Übertragens von Naturerkenntnissen in die Technik

Die bisherige Entwicklung der Bionik und des bionschen Designs hat gezeigt, daß es mehrere typische Näherungen auf dem Weg von der biologischen Kenntnis zur technischen Realisation gibt. Gehen wir auf einige Aspekte ein, die sich aus der praktischen Erfahrung herauskristallisiert haben.

Problemkreis Interdisziplinarität

Oft führt erst die Zusammenarbeit der Disziplinen zum Erfolg
Der Paläontologe und Biologie E. Reif (Paläontologisches Institut der Unversität Tübingen) hat sich die Schuppen fossiler und heutiger Haie einmal näher angesehen. Die Schuppenoberseiten schließen unter leichter Überlappung aneinander. Jede Schuppe trägt Riefen. Das Seltsame ist, daß sich Riefenreihen über viele Schuppen längs der Körper- oder Flossenkonturen hinziehen. Einen Ausschnitt zeigt *Abb. 22 a*. Diese Reihen verlaufen so, wie man sich Stromlinien (besser „Streichlinien") um den Körper herumlaufend vorstellt.

Der Paläontologe hat sich mit einem Strömungsmechaniker zusammengetan: D. Bechert, DLR, Abt. Turbulenzforschung, Berlin. Dieser konnte die vermutete Wirkung der Rillenstruktur experimentell und theoretisch enger fassen: wahrscheinlich verringern sie den Oberflächenwiderstand durch Behinderung der Querturbulenzen (Anm. 8). Sind „Haischuppenüberzüge" also zur Widerstandsverminderung bei schwimmenden und fliegenden technischen Rümpfen brauchbar?

Zweifellos sind sie das nicht: eine direkte Naturkopie ist Unsinn. Doch kann die Abstraktion der Naturerkenntnis äußerst wichtig sein. Auf Anregung von Strömungsmechanikern hat die Firma 3M Riefen- oder Ribletfolien entwickelt *(Abb. 22 b)*. Diese sind dem natürlichen Vorbild analog. Beklebt man eine flache Platte mit einer solchen Folie, so zeigt sie in günstigsten Fällen einen bis zu etwa 10% geringeren Reibungswiderstand *(Abb. 23 a)*. Im Großversuch wurde ein Airbus A 320 mit solchen Folien beklebt. Seine Widerstandsreduktion betrug immerhin 2 – 3%. (Sie kann nicht so groß sein wie bei der einfachen Platte, da es noch andere Widerstandsanteile gibt, die die Folie nicht beeinflußt.)

Rechnet man diese Reduktion auf den Treibstoffverbrauch um, so ergeben sich nach Bechert unerwartet günstige Werte.

Beispiel: der Langstrecken-Airbus A 340-300

- *Maximales Startgewicht: 254 t*
- *Davon: Leergewicht 126 t*
- *Treibstoff 80 t*
- *295 Passagiere. 48 l*

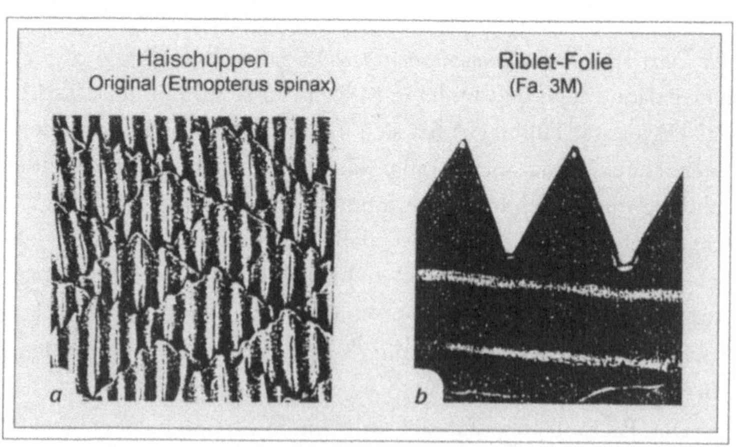

Abb. 22 a+b:
a) Haischuppen;
b) technisch analoge „Riefenfolie"

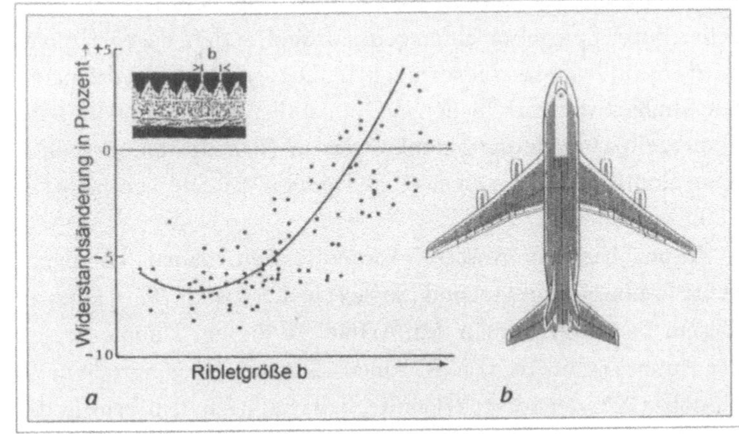

Abb.23 a+b:
a) Verminderung des Reibungswiderstands einer Platte
b) folienbeklebter Airbus; Folienfläche gestrichelt

„Haifischhaut" reduziert den Reibungswiderstand um 8 %, den gesamten Luftwiderstand um ca. 4 %, das entspricht einem um 4 % geringerem Treibstoffverbrauch! Auf einer Langstrecke sind $^1/_3$ der Betriebskosten Treibstoffkosten. 4 % weniger Treibstoff bedeuten

– 1,3 % weniger Betriebskosten,
– 3,2 t weniger Masse,
– dafür 6,7 % mehr Zuladung (20 Passagiere).

„Gesamtgewinn": 6,7 % + 1,3 % = 8 %

Diese Größen sind sowohl kommerziell als auch ökologisch außerordentlich bedeutsam.

Problemkreis Fortschritt und Rückgriff

Eine Entdeckung wirkt sich bisweilen an unerwarteten Enden innovativ aus

Das Auge eines Flußkrebses ist wie bei allen Gliedertieren aus Einzelaugen, sog. Ommatidien, zusammengesetzt. Bei Fliegen und Bienen wirkt jedes der sechseckigen Einzelaugen als Linsensystem. Beim Flußkrebs dagegen wirken die quadratischen Ommatidien wie ein Spiegelsystem. Die einfallenden Lichtstrahlen werden von Fläche zu Fläche gespiegelt und dann auf die weiter unten liegen-

     Zur Praxis bionischen Übertragens in die Technik

den Sinneszellen geworfen *(Abb. 24 a)*. Weil Teile der Kristallkegel-zellen durch Spiegelschichten getrennt sind, andere dagegen nicht, wird eine Bildverstärkung ermöglicht. Dies geschieht so, daß parallele Strahlen von verschiedenen Ommatidien auf ein- und dieselbe Sinneszellenanordnung gelenkt werden (Prinzip der virtuellen Spiegeloptik; *Abb. 24 b*). Das Auge kann ein Sehfeld von mehr als 180 °abtasten.

In unabhängigen Ansätzen kamen K. Vogt (damals Tübingen, heute Freiburg) und M. Land (Sussex) in den späten 70er Jahren zu diesem Funktionsprinzip. Ein Artikel zu diesem Thema erregte die Aufmerksamkeit von R. Angel, Stewart-Observatorium in Tuscon/USA, der sofort erkannte, daß man nach dem Prinzip des Flußkrebsauges ein vollkommen neuartiges Röntgenastronomie-teleskop bauen könnte. Röntgenstrahlen lassen sich bekanntlich nicht mit Linsen oder ähnlichen optischen Geräten fokussieren, nur durch Spiegelung unter sehr kleinen Winkeln an Metalloberflächen *(Abb. 24 c)*. Entsprechende Röntgenteleskope wurden schon gebaut. Trotz ihrer außerordentlich großen Auflösung sind sie nur bedingt

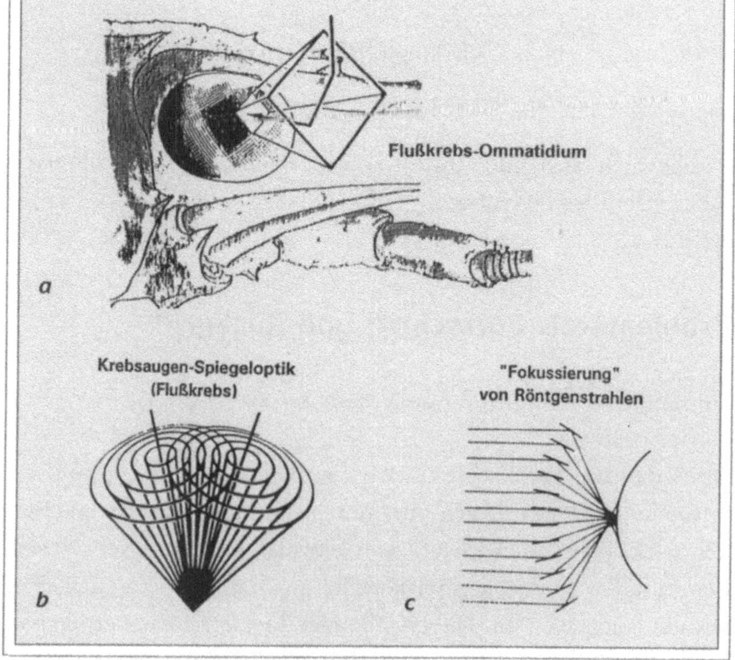

Abb.24 a+b+c:
a) Spiegeloptik im Krebsauge; *b)* Prinzip der „virtuellen Spiegeloptik"; *c)* „Röntgen-fokussierung" über polierte Metallplatten

brauchbar, weil sie nur einen Ausschnitt von etwa 1° zur gleichen Zeit aufnehmen können. Mit dem „Abbildungs- und Überlagerungstrick" des Krebsauges dagegen könnte man den gesamten radioastronomischen Himmel – mit hoher „Lichtstärke" und gleichzeitig befriedigender Auflösung – aufnehmen.

Inzwischen können Astronomen in Leicester dünne Bleiglasröhrchen herstellen und nach Krebsart halbkugelig bündeln. Die Röhrchen reflektieren und „fokussieren" unter kleinem Einfallwinkel einfallende Röntgenstrahlen so, wie das Krebsauge das mit Lichtstrahlen tut. Das hochauflösende Weitwinkelröntgenteleskop mit Millionen feinster, zentimeterlanger Röhrchen soll mit einem NASA-Explorer-Satelliten im Jahre 2001 zur Quasarbeobachtung ins All geschossen werden.

Auch umgekehrt läßt sich dieses Prinzip nutzen. Ordnet man eine Röntgenquelle im Brennpunkt dieses Geräts an, so verlassen es die Röntgenstrahlen parallelgerichtet: Das Gebilde wirkt als Kollimator. Mit parallelen Röntgenstrahlen kann man Chiptechnik 100mal feiner ätzen als bisher und demgemäß mehr Schaltelemente auf der Flächeneinheit unterbringen: Eine Multibillionen-Dollar-Industrie bahnt sich an, basierend auf Bionikdesign.

*Auch konzeptionelles Einbinden bereits bekannter Effekte
kann innovativ sein*

Man muß nicht immer das Rad neu erfinden. Mit anderen Worten: Innovationen bauen immer auf Vorarbeiten auf und führen manchmal nur ein Stück – ein kleines oder ein entscheidendes Stück – weiter. Dazu ein Bespiel aus der eigenen Forschungspraxis.

Der Schweizer Biologe M. Lüscher hat den Bau der afrikanischen Termite *Macrotermes bellicosus* untersucht. Darin strömt Luft in einem geschlossenen Röhrensystem – angetrieben von der Sonnenwärme und von der Stoffwechselwärme – vom kühlen, feuchten „Keller" durch das Nest in den oberen Teil des Baus und unmittelbar unter der Außenwand wieder zurück *(Abb. 25 a)*. Das Baumaterial ist porös, so daß Sauerstoff eindiffundieren und Kohlendioxid ausdiffundieren kann: eine in letzter Konsequenz sonnenangetriebene, automatische Klimatisierung!

Die Wirkung des Eisbärfells als Lichtfalle haben der Berliner Physikochemiker H. Tributsch und Mitarbeiter untersucht. Durch

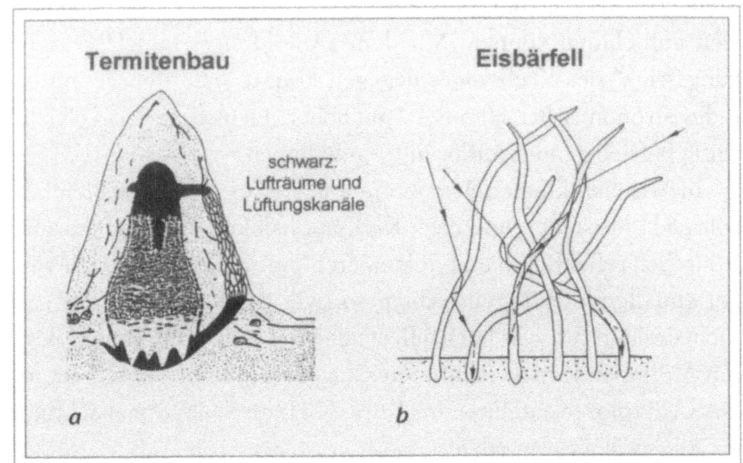

Totalreflexion werden eingefangene Licht- und Wärmestrahlen innerhalb der weißen Haare nach unten geleitet *(Abb. 25 b)* und dort von der dunklen Hautoberfläche absorbiert: es resultiert ein Wärmegewinn. Wegen der vielen im Fell eingeschlossenen Luftpolster kann die Wärme aber nicht mehr entweichen. Dies ist das Prinzip des „transparenten Isolationsmaterials" (TIM), das heute schon vielfach technisch genutzt wird, beispielsweise über die Bündelung enger Glasröhrchen.

Mein Diplomand G. Rummel und ich haben die beiden Prinzipien kombiniert und nach eigenen Vorstellungen weiterentwickelt (Anm. 9). Es geht um die Konzeption eines Niedrigenergiehauses, bei dem eine Kombination aus transparenter Wärmedämmung (nach dem Eisbärprinzip) und passiver Porenlüftung (nach dem Prinzip der porösen Termitenbauten) sowohl Wärmeversorgung als auch Frischluftzufuhr übernimmt *(Abb. 26)*.

Das Grundkonzept dieses Entwurfs für das Niedrigenergiehaus besteht in folgenden Punkten: Das Haus hat an der südorientierten Seite eine dicke Absorberwand, die an der Außenfläche schwarz gefärbt ist. Davor wird die transparente Wärmedämmung angebracht, allerdings mit einem Zwischenraum, in dem Luft zirkulieren kann. Diese TIM besteht aus einer sandwichartigen Schicht von eng aneinander gepackten Glas- oder Plastikröhrchen, die außen und innen von einer Glasplatte begrenzt sind. Die Luft in diesem Spalt wird über die schwarz gefärbte Absorberwand erwärmt, steigt

auf und wird von der Südseite des Hauses über Deckenrohre zur
Nordseite geführt. Dort wird sie durch dünne, in Schlangenlinien
gelegte Kupferrohre geleitet. Die Porenlüftung besteht aus einer
Reihe von perforierten Lüftungssteinen, hinterfüttert mit einer
noch im Detail zu optimierenden spongiösen Schicht. Die Frisch-
luft diffundiert dann über die gesamte Innenwand der Nordseite ins
Haus.

So können mehrere Fliegen mit einer Klappe geschlagen werden: Solarheizung, zeitverzögerte Wärmeabgabe (Nachtheizung),
zugfreie Lüftung, kühlere Frischluftzufuhr, vollautomatisches Ab-
stimmen der Einzelkomponenten.

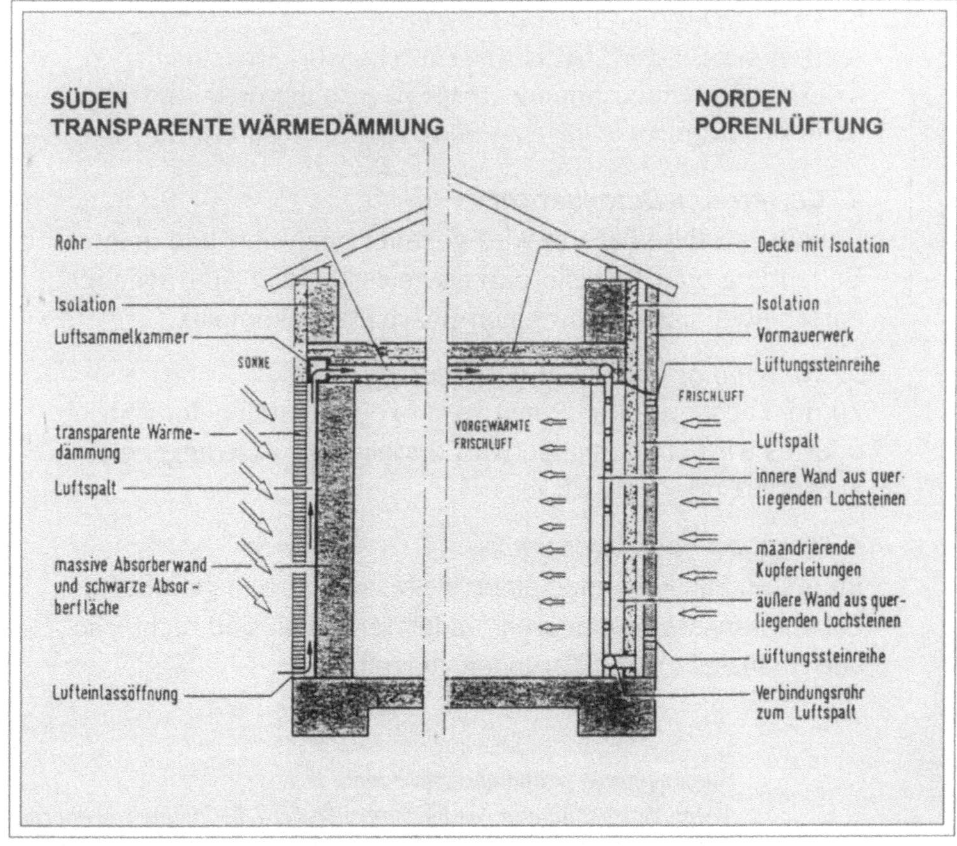

Abb. 26:
Prinzip der kombinierten transparenten Wärmedämmung und Porenlüftung

Problemkreis Forschung und Anwendung

Die Zusammenarbeit mit der Industrie beginnt meist mit einer problemorientierten Recherche
Das Rad stets neu erfinden zu wollen, bedeutet im Grunde, bewußten Wissensverzicht zu betreiben. Dies aber ist nicht nur ungeschickt, sondern auch unwissenschaftlich. Man muß zuerst sehen, was an Kenntnissen und Ideen bereits auf dem Markt ist, bevor man eigene einbringt. Der beste Weg ist eine Stichwortrecherche unter Nutzung der internationalen Datenbanken. Jede größere Bibliothek kann hierfür Hilfestellung geben.
Wie kann die weitere Zusammenarbeit ablaufen?

1. Stichwortrecherche und Bericht
Die Ergebnisse der Stichwortrecherche werden in einem illustrierten Bericht zusammengefaßt. Der industrielle Auftraggeber wählt einen oder mehrere Aspekte zur näheren Prüfung aus.

2. Gewerteter Detailbericht
Die ausgewählte Facette wird genauer analysiert und in ihrer Bedeutung oder Realisierbarkeit gewertet. Der Auftraggeber entscheidet sich ggf. für einen Bearbeitungskomplex.

3. Forschungs- oder Entwurfsauftrag
Zu dem ausgewählten Punkt wird experimentell geforscht, oder es wird ein Designentwurf erstellt. Der Auftraggeber akzeptiert oder verwirft ihn.

4. Iteration oder Übernahme
Im ersten Fall kann man einen weiteren Forschungs- oder Entwurfsansatz vereinbaren. Im letzteren Fall sind rechtliche und finanzielle Vereinbarungen zu treffen.

Ausgangspunkt Grundlagenforschung:
Wenn die Forschung in Neuland vorstößt, wird die Industrie hellhörig
In der Praxis kommt es natürlich häufig vor, daß die Industrie eine Problemstellung untersuchen läßt, die sie interessiert. Nicht sel-

ten aber stützt sich die Industrie auch auf ein Ergebnis der Grundlagenforschung, das zunächst „völlig zweckfrei" gewonnen worden ist.

Lacke werden heute noch so entwickelt, daß sie auch im submikroskopischen Bereich eine möglichst glatte Oberfläche bilden. Darauf haften Schmutzpartikelchen aber besonders gut. Unbenetzbare Pflanzenblätter bleiben dagegen immer sauber, wie man an jedem Kohlrabiblatt sehen kann. Der Trick ihres schmutzabweisenden Biodesigns: keine glatten, sondern genoppt-rauhe Oberflächen aus feinsten, knubbelig verbackenen Wachskristalloiden *(Abb. 27a)*. Mit eingeschlossener Luft bilden diese eine zusammengesetzte Schicht nach Art einer „Komposit-Oberfläche". Schmutzpartikelchen können auf einer solchen Oberfläche nicht festhaften, und Wassertropfen können nicht verlaufen und damit auch nicht über die festgehefteten Partikelchen einfach weglaufen, wie das auf glatten Oberflächen geschieht *(Abb. 28 a)*. Vielmehr rollen die kugelig ablaufenden Regentropfen die Schmutzteilchen regelrecht in sich hinein und entfernen sie auf diese Weise *(Abb. 28 b)*.

Der Bonner Botaniker W. Barthlott hat dies bereits vor 20 Jahren an der Kapuzinerkresse bemerkt, aber erst heute als vielversprechendes Bionik-Design-Projekt weiterentwickelt. Er und sein Mitarbeiter C. Neinhuis haben diese Eigenschaft nach der Lotus-

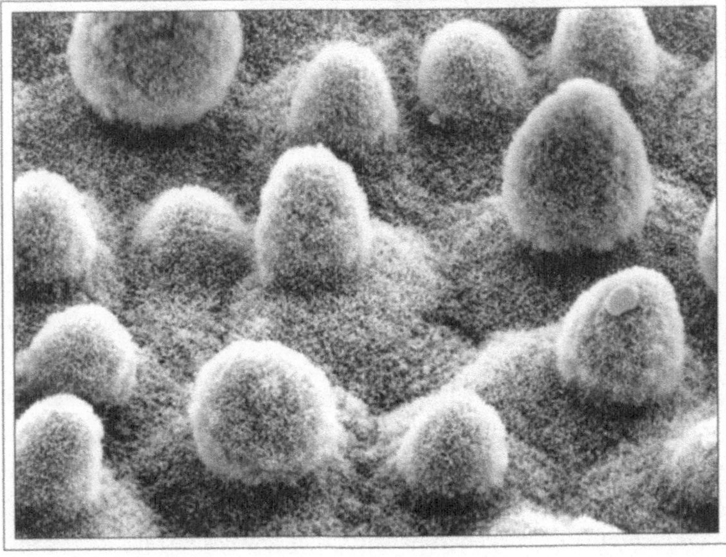

Abb. 27 a
zum Lotus-Effekt:
Oberfläche des
Lotus-Blatts
Nelumbo nucifera
(REM-Aufnahme;
Längenmaß 1/50 mm)

   Zur Praxis bionischen Übertragens in die Technik

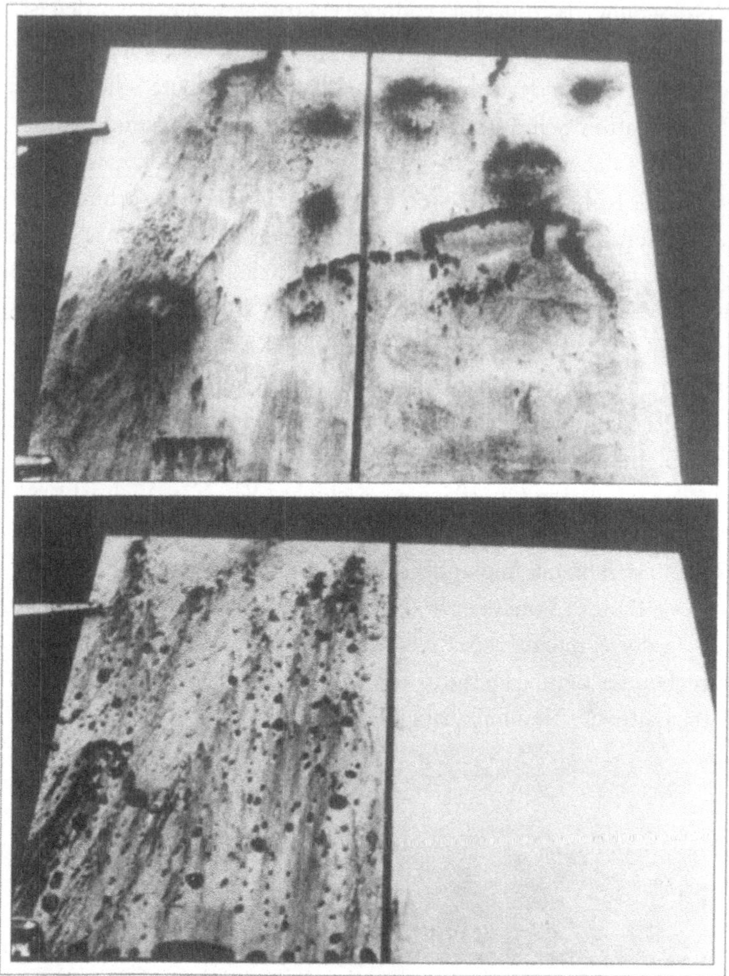

blume *Nelumbo nucifera* als „Lotus-Effekt" bezeichnet. Gleichartige Effekte haben T. Wagner und die genannten Autoren auch für Insektenflügel nachgewiesen. Wir haben Entsprechendes bei Wasserkäferflügeldecken gefunden.

Die Lotus-Forscher haben nun einen Lack entwickelt, der die schmutzabweisenden Eigenschaften der Blattoberfläche auf technisch-analoge Weise nachgestaltet: Bionikdesign von Oberflächen. Im Gegensatz zu einer unbeschichteten Oberfläche *(Abb. 27 b)* wirkt die beschichtete Oberfläche „repellent", d. h. abweisend *(Abb. 27 c, rechts)*:

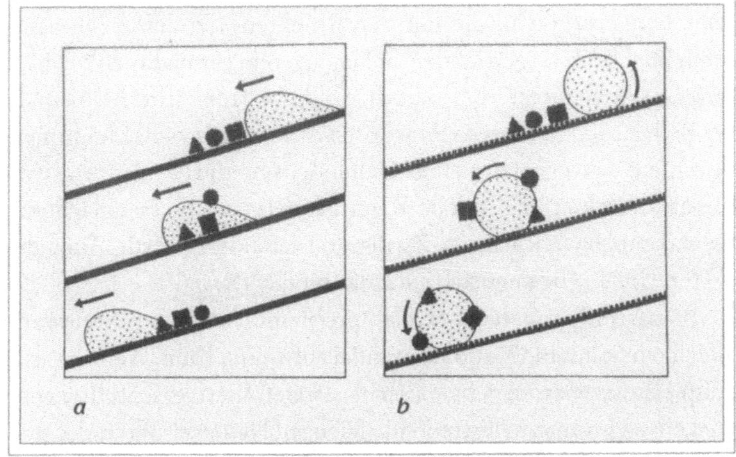

Abb.28 a+b: Schmutzpartikel und Wasser-tropfen. **a)** Überrollen auf glatter Oberfläche. **b)** „Einrollen" und „Mitnehmen" auf genoppter Ober-fläche

Wasser spült noch so klebrigen Belag einfach weg. Für solche Lack-beschichtungen laufen derzeit die Patentverfahren. Derartige Lacke könnten eines Tages mit Sicherheit das häufige Autowaschen dra-stisch reduzieren. Sie können auch, auf Bahnwaggons oder öffent-liche Gebäude aufgebracht, dem Sprayer-Unwesen ein Ende berei-ten: Der Farbspray haftet nicht, und der nächste Regenguß wäscht alles ab. Probleme der Dauerhaftigkeit und der Widerstandsfähig-keit solcher Lackoberflächen sind wohl noch zu lösen.

Problemkreis Innovation

Man hört und liest in unseren Tagen immer wieder, daß sich Per-sönlichkeiten des öffentlichen Lebens über einen Mangel an Inno-vation in unserem Land beklagen. In seiner sehr direkten Art hat kürzlich auch der Bundespräsident dazu Stellung genommen.

Innovation – das ist etwas ganz Eigentümliches. Etwas, das man nicht erzwingen kann, für das man aber Voraussetzungen schaffen kann. Innovatives entsteht in den Gehirnen von Menschen, die über etwas nachdenken – oder es kann zumindest beim Nachdenken ent-stehen. Neue Konzepte können dadurch zustandekommen, daß man darüber nachdenkt, wie man alte weiterentwickeln kann. Das wäre sozusagen ein direktes Vorgehen. Die bedeutendsten Innovationen, das hat die Technikgeschichte gezeigt, resultierten freilich aus einer

   Zur Praxis bionischen Übertragens in die Technik

andersartigen Vorgehensweise. Sie haben sich beim Nachdenken über Dinge ergeben, die mit den Aspekten, bei denen sie dann schließlich zum Tragen kamen, anfänglich rein gar nichts zu tun hatten. Das bekannteste Beispiel ist wohl der Transistor. Als damals bei Bell darüber nachgedacht worden ist, wie sich wohl Elektronen durch das Gittergewirr eines Halbleiters hindurchzwängen, war niemandem klar, daß solche Kenntnis dereinst die Nachrichtentechnik und unsere gesamte Zivilisation verändern würde. Auf indirekten Gleisen bewegt sich auch das Bionik-Design.

Es wird nicht geleugnet, daß problemorientierter Naturvergleich ein hohes Innovationspotential aufweisen kann. Wenn es also beispielsweise darum geht, einen neuartigen Klettverschluß zu entwickeln, wird man selbstredend gleich auf Naturverfahren des statistischen Verhakens schauen, recherchieren, was es darüber an Arbeiten gibt und gegebenenfalls weiterforschen. Bei Industrieaufträgen ist dies gängiger usus, da die Industrie im allgemeinen an problemorientierten und möglichst direkt verwertbaren Ergebnissen interessiert ist. Will man aber das bionische Innovationspotential der Natur wirklich ausschöpfen, so darf es dabei nicht bleiben. Gefragt ist ein „zweckfreies" Durchforsten der belebten Welt, durchaus mit einer spielerischen Komponente.

Das braucht Zeit und Muße und bedarf institutioneller Möglichkeiten, und es kostet Geld. Diese Vorgehensweise ist damit Industrie und Wirtschaft und erst recht der Politik weitaus weniger gut zu vermitteln als die erstgenannte. Nur hierbei kann es allerdings zu den wirklich großen Innovationsideen kommen, den Quantensprüngen, die die Gesellschaft weiterbringen *(vergl. Abb. 66, S.128).*

6

Bionikdesign in Stichworten

Bereits heute gibt es eine Reihe von bionischen Lösungen für technische Probleme, die im folgenden stichwortartig dargestellt werden sollen. Des weiteren geht es um Problemstellungen, bei denen von der Bionik Lösungen erwartet werden können. Schließlich sollen noch einige bearbeitungswürdige Analogien zwischen Natur und Technik vorgestellt und Ansatzmöglichkeiten besprochen werden.

Lösungen

Der Delphin – ein Ideenlieferant für Schiffsdesigner
Delphine und Tümmler haben einen „Stufenkopf" und eine schwammartige Haut. Schiffsbauer studierten den Delphinkopf sehr genau, um den Bug von Tankern und Containerschiffen zu optimieren (bis zu 15 % Energieeinsparung!). Mit einer „künstlichen Delphinhaut" (genoppte Gummifolie mit Dämpfungsflüssigkeit) umkleidet, erzeugt ein Schiffsrumpf weniger Widerstand. Dieser Effekt hat vielfach Anwendung gefunden, insbesondere bei Unterseebooten. Auf S. 89 wird darauf genauer eingegangen; die *Abb. 47* (S. 90) illustriert den Aufbau der Delphinhaut.

Focksegel dem Vogelflügel abgeguckt
Der Daumenfittich des Vogelflügels verbessert als „Vorflügel" die Umströmung auf der Oberseite des Hauptflügels. Diese Tatsache regte im Jahr 1925 den damals 18jährigen Manfred Curry – einen

begeisterten Segler – an, das Daumenfittich-Prinzip auf Segelboote zu übertragen. Currys Regattaboot wurde damit das schnellste. Seitdem werden Focksegel eingesetzt.

Bienenwabenstrukturierung ermöglicht 1000-W-Lautsprecher
Bienenwaben gelten als Musterbeispiel für die Ausformung hochstabiler Strukturen mit einem Minimum an Material. Höchstbelastbare, langlebige Lautsprechermembranen funktionierten erst, nachdem man sie nach dem Bienenwabenprinzip aufgebaut hatte.

Betonrippenleichtbau nach Art der Knochenbälkchen
Im Oberschenkelhals und -kopf verlaufen die kleinen Knochenbälkchen in Richtung der Hauptspannungen Zug und Druck. So erreicht die Natur eine hohe Belastbarkeit mit geringstem Materialaufwand.

An der Universität Freiburg ist die Betonrippendecke des alten Biologiehörsaals analog konstruiert. Sie folgt dem Knochenprinzip der „Biegeentlastung durch spannungstrajektorielle Rippen" *(Abb. 29).*

Kamelnasenfilter für Patienten mit Luftröhrenschnitt
Kamele sind wüstentüchtig, weil sie beim Ausatmen wenig Wasser verlieren. Die Luftfeuchtigkeit wird in der Schleimauskleidung der

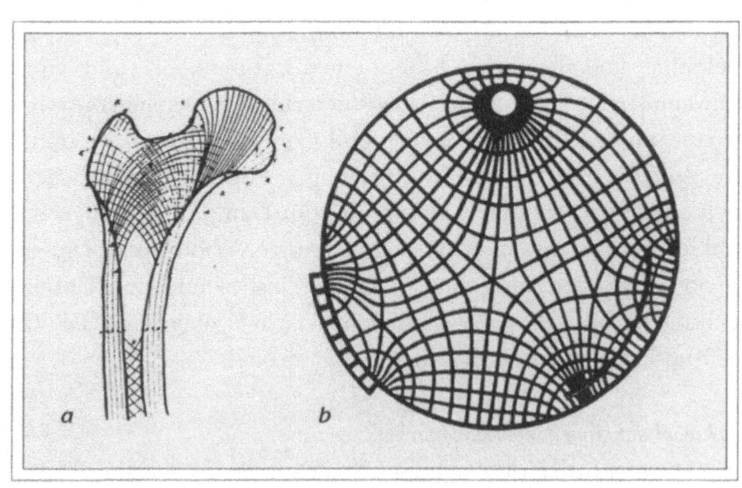

Abb.29:
a) Klassische Darstellung der Knochenspongiosa; ***b)*** spannungstrajektorielle Unterzüge für den alten Hörsaal Biologie der Universität Freiburg

reichgegliederten Nasenhöhlen zurückgehalten. Bei Patienten mit Luftröhrenschnitt können die Atemwege gefährlich rasch austrocknen. Ein schleimartig beschichteter Atemtrichter mit großer Oberfläche (nach dem Kamelnasenprinzip), dessen Spitze in den Luftröhrenschnitt eingeführt wird und durch den die Patienten atmen, kann dies verhindern.

Biologische Schaltung verbessert Bildschärfe
Sinnes- und Nervenzellen in den Augen von Gliedertieren sind komplex verschaltet. Ihre Analyse führte zum Prinzip der „lateralen Inhibition". Damit ließ sich beispielsweise das Scharfstellen von Diaprojektoren entscheidend verbessern.

Das gesamte Prinzip arbeitet mit dem Trick der „Kantenaufsteilung". Ein leicht unscharfes Bild – wie durch Nebel fotografiert – gewinnt an Schärfe, wenn man die Konturen sozusagen mit einer deutlichen Linie nachzeichnet. Die biologische Schaltung für eine „Kantenaufsteilung" sorgt dafür, daß die Informationen einzelner Sensoren aus einer flächigen Matrix (wie sie etwa in unserer Netzhaut gegeben ist) mit den Ausgängen benachbarter Sensoren verrechnet wird. Eine Hell-Dunkel-Grenze wird dadurch „aufgesteilt" im Sinne „besonders hell – besonders dunkel". Damit erscheint sie schärfer.

Leim aus Muscheln „verklebt" Wunden
Miesmuscheln sondern aus ihrer Fußdrüse klebrige Fäden ab, die bald erhärten. Damit verankern sie sich an Felsen und Hafenmolen. Die Fäden bestehen aus Ketten seltener Aminosäuren, die mit organischem Substrat enzymatisch reagieren. Als „flüssiger Verband" auf eine Hautverletzung aufgebracht, wirken sie nicht als Fremdkörper (wie ein Pflaster), sondern bilden zusammen mit den Wundrändern einen „biologisch reagierenden Komplex". Gerissene Haut kann darin dauerhaft bis zur Heilung regenerieren.

„Nervengeflechte" überwachen die Intaktheit der Materialstruktur
Verletzungen des Hautgewebes ergeben Schmerzsignale, die von Nervengeflechten weitergeleitet werden. In modernen Flugzeugrümpfen geben Geflechte von „technischen Nerven" Signale über Materialermüdung und -verschleiß an einen zentralen Überwachungscomputer weiter.

Sportgeräteantrieb
Wasserläufer bewegen sich auf der Oberfläche von Gewässern rasch
voran. Sie schlagen dazu ihre Mittelbeine mit kräftigen, synchro-
nen Ruderbewegungen nach hinten. Die Firma Toyota hat nach diesem Prinzip ein „Ruderfahrzeug" entwickelt. Es heißt, daß es Spaß
macht, es als Freizeithobby zu fahren *(Farbtafel 10)*.

Ein weiteres Beispiel: Tretboote arbeiten mit schlichten Schau-
felrädern, die im Flachwasser den Untergrund aufwühlen und damit
ökologische Schäden hervorrufen. Unsere Untersuchung von Forellen im Wasserkanal führten zum Modell eines umweltverträglichen
„Schlagflossentretboots" *(Farbtafel 6)*.

Die biologische Evolution hält Einzug in die Technik
Mutation (Zufallsänderung) und Selektion (Auswahl des Bestgeeig-
neten) sind Grundsäulen der biologischen Evolution. Sie führen oft
zu ganz erstaunlichen „bestangepaßten" Strukturen und Verfahren.

Bei der Lösung technischer Probleme hat die Evolutionsstrategie v. a. dann große Vorteile, wenn es sich um schwer berechenba-
re Fragestellungen handelt. Durch computergesteuerte Zufallsän-
derungen und fortlaufende Auswahl der jeweils besseren Resultate
kommt man so schließlich zu „bestangepaßten" Ergebnissen. In der
Entwicklung der Bionik nimmt die Evolutionsstrategie einen wichtigen Platz ein.

Die Grundlagen der Evolution sind auf S. 34 beschrieben. Ein
Beispiel für die Anwendung der Evolutionsstrategie wird auf den
Seiten 105-107 vorgestellt.

Probleme

Medizintechnik
Auch der kranke Mensch wird immer mehr auf Maschinen ange-
wiesen sein, in Diagnose, Therapie, Rehabilitation. Gerätetechni-
sche Entwicklungen zum Wohle von Kranken und Behinderten
gehören zu den vornehmsten Forschungsaufgaben.

Stickstoffmonoxid – mal ein Gift, mal lebensnotwendig
In der Umwelt gebildetes Stickstoffmonoxid (NO) ist ein Gift, das
Lungengewebe schädigt. Im Organismus gebildetes Stickstoffmon-

oxid ist eine vielfältig wirkende Substanz, auf die nicht verzichtet
werden kann. Sie kann durch pulsierende Magnetfelder im Körper
freigesetzt werden. Dieser Vorgang könnte sich zu einer Wirkfacette
der „Magnetfeldtherapie" entwickeln.

Biokompatible Implantate
Von der Suche nach körperverträglichen Materialien bis zur
Konstruktion „künstlicher Organe" reicht die Palette der For-
schungsaktivitäten auf dem Gebiet biokompatibler Implantate.
Implantierte Algenskelette (Hydroxylapatit) dienen wachsenden
Knochenzellen und Kapillargefäßen als Leitstrukturen. Der per-
fekte Knochenersatz entsteht, während sich die Grenzen zwischen
Algenskelett und Knochenmatrix verwischen. Auch für Zahnim-
plantate wird diesem Verfahren eine beachtliche Zukunft vorher-
gesagt.

Biosensoren
Meßinstrumente können wie Sinnesorgane arbeiten und deren Vielfalt
und extremer Leistungsfähigkeit nahekommen. Sie können sensorische
Ausfälle kompensieren, ja sogar mit dem Nervensystem in Verbindung
treten. Duftstoffe lösen beispielsweise im Gehirn Geruchswahr-
nehmungen aus. Gewisse Olfaktometer (Meßgeräte zur quantitati-
ven Riechprüfung) arbeiten mit Meßverfahren, die auf dem gleichen
Prinzip beruhen wie die Geruchswahrnehmung beim Menschen.

Materialien
Wir nähern uns dem Ende des Metallzeitalters. Eine „intelligente
Materialnutzung" wird daher verlangt.
   Ein Beispiel: Sandwichmaterialien. Bestimmte Braunalgen flot-
tieren schadlos in der stärksten Brandung. Sie erreichen dies durch
eine Sandwichkonstruktion aus einer druckfesten, gekammerten
Zwischenschicht zwischen zwei zugfesten, zähen Abschlußmem-
branen. In ähnlicher Weise werden heute Flugzeugflügel aus beidseitig belegten Aluminiumwaben gefertigt *(Abb. 30)*.

Schalldämpfung
Der allenthalben hohe Schall- und Geräuschpegel ist ein dramati-
scher Zivilisationseffekt. Natürliche Vorgänge sind meist leise, häufig fast lautlos.

                    Bionikdesign in Stichworten

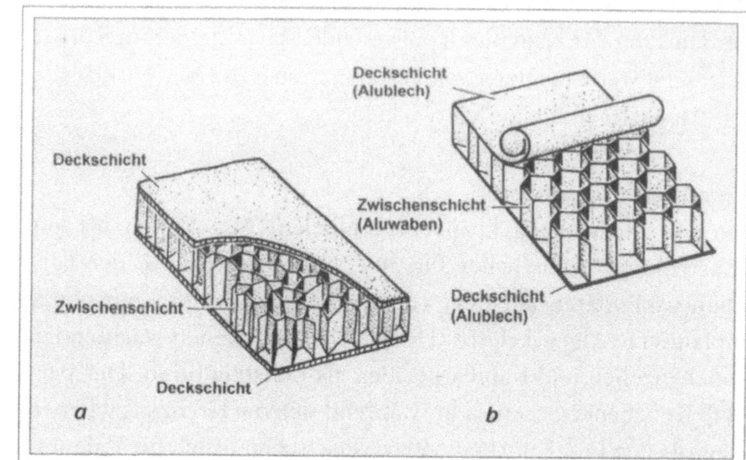

Abb. 30:
a) Die Chilenische Braunalge *Durvillaea antarctica* **b)** Aluminiumwabenflügel: analoge Konstruktionen

Flügelprofile von Vögeln können unkonventionelle Vorbilder für leise Ventilatoren abgeben. Kämme analog den Eulenfedern könnten Propeller leiser laufen lassen.

Klimatechnik

Ein Großteil des technischen Energieumsatzes wird für die Gebäudeheizung verwendet. Eine drastische Verringerung dieses Energieanteils ist nötig und möglich.

Viele Termitenbauten sind so ausgerichtet, daß sie die tiefstehende Morgen- und Abendsonne mit der Breitseite abfangen, dagegen die hochstehende Mittagssonne mit der Schmalseite abwehren: passive Sonnennutzung. Ein System aus Kanälen und Gängen zieht tagsüber kühle Luft aus dem Erdreich hoch und verteilt nachts die gespeicherte Restwärme: sonnengetriebene Klimatisierungskreisläufe.

Energiebereitstellung

Eine Energietechnologie auf Solarbasis bietet den einzigen derzeitig denkbaren Ausweg aus der sich anbahnenden Energiekatastrophe. Die Natur arbeitet von jeher – und hocheffizient – mit dieser Technologie: Das grüne Blatt fängt Sonnenlicht ein und setzt es in nutzbare Energie um. Analoge molekulare Systeme könnten, sonnenergiegetrieben, eine elektrische Spannung aufbauen und so zur Stromgewinnung dienen (*Abb. 54*, S. 101).

Wasserbereitstellung
Eines der globalen Probleme der Zukunft ist die Bereitstellung einer
ausreichenden Menge trinkbaren Wassers für den Menschen. Hierfür wird man auch auf „skurrile" Verfahren zurückgreifen müssen,
wie sie die belebte Welt in Extremsituation einsetzt.

Die Bromelien *Tillandsia usneoides* und *Vriesia splendens* sowie die
Orchidee *Dendrobium nobile* leben an trockenen Extremstandorten.
Ihren Wasserbedarf decken sie über Tautropfen, die von eigentüm-
lich gebauten Schuppenhaaren bzw. von der äußeren Porenzellen-
schicht aufgenommen werden.

Abfallvermeidung
Die Natur kennt keinen Abfall. Das Prinzip der totalen Rezyklierung ist eines der grundlegenden Naturverfahren. Ein intensives
Studium der vorbildlichen Recyclingketten in der belebten Welt
ist unverzichtbar. Dieser Aspekt wurde auf S. 32 bereits genannt
(Literatur s. Vester 1972). Da man erstaunlicherweise vom Vorbild
Natur noch so wenig übernommen hat, muß man diesen Aspekt als
äußerst wesentlichen Gesichtspunkt unter „Probleme" nochmals
nennen.

Bakterien bilden die Grundlage für — oft kettenartig vernetzte — Abbauprozesse. Beispielsweise wird Zellulose von zellulose-
abbauenden Bakterien zu Methan und dieses von Methanbakterien
zu den Endprodukten CO_2 und H_2O abgebaut. In analoger Weise
sollten „Abfallprodukte" einer Produktion Ausgangsstoffe für eine
Folgeproduktion sein.

Komplexes Management
Auch dieser Aspekt wurde auf S. 33 bereits genannt; auch er wurde
trotz seines großen Anregungspotentials bisher nur wenig genutzt.

Die heutigen Verfahren, komplexe Systeme zu steuern, sind
großteils letztlich systemzerstörend. Die Natur dagegen beherrscht
die vernetzte Regelung von Vielparametersystemen meisterhaft.
Schon Einzelorganismen und erst recht Ökosysteme — bis hin zur
gesamten Biosphäre — sind höchst komplex und um Größenordnungen vielfältiger vernetzt als technische Systeme. Im allgemeinen funktionieren sie störungsarm. Firmen, Industriebetriebe,
Wirtschaftstheoretiker interessieren sich mehr und mehr dafür,
warum das so ist.

Betrachten Sie nochmals das Beziehungsschema 1 der *Abb. 21* (S. 34). Wenn Gabelschwanzraupen Zitterpappelblätter fressen, schädigen sie die Bäume (negativer Beziehungspfeil: Raupen → Bäume). Wenn Kohlmeisen Gabelschwanzraupen fressen, schädigen sie die Raupen (negativer Beziehungspfeil: Meisen → Raupen). Dadurch nutzen aber die Kohlmeisen den Zitterpappeln (positiver Beziehungspfeil: Meisen → Bäume): eine erste indirekte Beeinflussung.

Das Beziehungsschema 2 ist voll von solchen – positiven und negativen, einfachen bis mehrfachen – indirekten Beeinflussungen. Mit unserer „linearen Logik" können wir es nicht durchschauen, wohl aber mit einer bewußten „unscharfen Logik" (vgl. die Ansätze von F. Vester) unter Einbeziehung von Wahrscheinlichkeitsschlüssen. Dies ist extrem wichtig für die Behandlung komplexer „Verbundprozesse" auf diesem Planeten.

Analogien

Netzkonstruktionen
Biologische und technische Netzkonstruktionen zeigen verblüffende Ähnlichkeiten. Viele der konstruktiven Details von Spinnennetzen hat man erst aus der Erfahrung mit technischen Netzkonstruktionen verstanden („Technische Biologie"); andererseits bieten Spinnennetze ein vielfältiges Anregungspotential für die Technik („Bionik").

Schalenkonstruktionen
Parabelartige Ausformungen erlauben technische wie biologische Schalenkonstruktionen großer Spannweite bei geringem Materialbedarf: Mördermuscheln werden an die 1,5 m lang. Die 50 m messende Schale des Restaurants Los Manatides in Xochimilco, Mexico, ist nur 8 cm dick!

Skelettkonstruktionen
Diatomeenschalen und Radiolarienskelette *(Farbtafel 1)*, diese „Zierformen der Natur", haben einerseits Anregungen für technische Skelettbauten gegeben. Andererseits haben sie sich im nachhinein als „technisch analog" herausgestellt.

Beispiel: das „Climatron" von St. Louis / Amerika: ein diatomeenähnliches botanisches Gewächshaus von Buckminster Fuller.

Der französische Baumeister Le Ricolais hat sich (um 1940) von Radiolarien zu Skelettkonstruktionen minmalen Bauaufwands inspirieren lassen.

Leichtbaukonstruktionen
Das Prinzip „Leichtbau" ist in der belebten Welt von größter Bedeutung, und zwar aus dreierlei Gründen. Zum einen kostet ein leichtes Bauelement weniger Stoffwechselenergie für den Aufbau als ein schweres. Zum zweiten kostet auch die „Bauunterhaltung" weniger, weil eine geringere stoffwechselaktive Masse zu versorgen ist. Zum dritten werden viele Bauelemente bewegt – z.B. die Unterschenkelknochen. Wenn sie eine geringere Masse haben, kostet es weniger Energie, sie in Bewegung zu halten.

Die Natur hat mehrere Verfahren der „Energieeinsparung" durch Leichtbau entwickelt:

– Gegenbiegung durch Gegengewicht: Beispiel Baumkrone;
– Gegenbiegung durch Zugverspannung: Beispiel Sehnenbänder;
– Leichtbau durch Röhrenform: Beispiel Oberschenkelknochen;
– Leichtbau als „Körper gleicher Festigkeit": Beispiel Unterarm;
– Leichtbau als Stabkonstruktion: Beispiel Schultergürtel
  (*Abb. 31*, S. 67);
– Leichtbau als Fachwerkkonstruktion: Beispiel Knochenspongiosa;
– Leichtbau als Filigrankonstruktion: Beispiel Radiolarien
  (*Farbtafel 1, Farbtafel 11*);
– Leichtbau als Sandwichkonstruktion: Beispiel Elefantenschädel
  (*Farbtafel 16*).

Die technische Gestaltung besinnt sich um so mehr auf diese Prinzipien, je teurer Baumaterialien und ihre Verarbeitung werden (Anm. 10).

Bewegungskonstruktionen
In unwegsamem Gelände sind Laufgeräte den Radkonstruktionen überlegen. Insekten laufen rasch, kippfrei und koordinationsvariabel. Sie passen ihr Schrittmuster dem Gelände an. Das macht sie interessant für Laufmaschinendesigner. Kooperationen zwischen

Biologen und Technikern haben zu mehreren, bereits hochent-
wickelten Konstruktionen geführt *(Farbtafel 8, Abb. 50/51, S. 96).*

Falt- und Versteifungskonstruktionen
In der belebten Welt wie in der Technik stellt sich häufig das Problem, momentan nicht benötigte Teile raumgünstig zu verstauen.
An raffinierten Faltkonstruktionen bietet die Natur eine uner-
schöpfliche Studiensammlung. Gleiches gilt für das Problem, bie-
geunsteife Membranen durch leichte, aber stabile Elemente funktionell zu versteifen. Insektenflügel können beispielsweise Vorbilder
für Faltsegel abgeben *(Farbtafel 9).*

Rumpfkonstruktionen
Die Rumpfformen von Wasserkäfern erscheinen ziemlich breit, die
von schwimmenden Pinguinen unverhältnismäßig dick. Trotzdem
sind diese Körperformen extrem gut strömungsangepaßt. Im Aus-
laufverfahren haben wir für den sicher vollturbulent umströmten
Eselspinguin *Pygoscelis papua (Farbtafel 12)* Druckwiderstandsbeiwerte
(aus der Autowerbung auch als c_w-Wert bekannt) unter 0,07 (!) festgestellt. Beim Normalschwimmen können sie noch kleiner sein. Die
Technik kann da noch vieles lernen.

Kinematische Konstruktionen
Schreibmaschinen, Filmprojektoren, Greifapparate und vielerlei
technische Konstruktionen arbeiten mit kinematisch zwangsläufi-
gen Mehrgelenksketten. Es ist wenig bekannt, daß die Natur eine
Vielzahl solcher Mechanismen entwickelt hat, die teils ungemein
ingeniös erscheinen *(Farbtafel 2).*

Ortungskonstruktionen
Technische Radar- und Sonarortungssysteme und biologische So-
nare zur Raumorientierung und Beuteerkennung arbeiten vielfach
nach gleichartigen Grundstrategien. Biosonare gibt es bei 2 Fle-
dermausgruppen, bei Flughunden, Fettschwalmen, Delphinen und
Spitzmäusen.

Werkzeugkonstruktionen
Grabwerkzeuge finden sich v. a. im Insektenreich, bei Säugern und
Weichtieren. Stech- und Schabwerkzeuge stehen im Dienste der

Nahrungsaufnahme oder des Einbringens von Eigelegen (s. *Abb. 12*, S.18). Beiß- und Klemmwerkzeuge dienen zum Eindringen und Festhalten.

Gleiche Anforderungen in Natur und Technik führen oft zu prinzipiell ähnlichen Konstruktionen, wobei die Natur allerdings durch eine ungeheure Vielfalt der konstruktiven Details besticht: stets sind Form und Funktion aufs Feinste aufeinander abgestimmt.

Ansatzmöglichkeiten

Greifen wir die Gesichtspunkte nochmals auf, die oben (S. 45/46) zum Problem des Innovationspotentials bei bionischem Vorgehen angeführt worden sind.

Es war von einem mehr direkten und einem mehr indirekten Zugang die Rede. Man kann bionisch einerseits gezielt forschen; der Forschungsgegenstand ergibt sich aus der Problemstellung. Andererseits kann – und sollte – man vielseitig / ungezielt forschen, alles bearbeiten, was uns die Natur anbietet und damit einen „Innovationspool" füllen (*Abb. 66*, S.128), aus dem man Informationen abfragen kann, wenn es um spezielle Probleme geht. Je besser dieser Pool gefüllt ist, desto größer ist die Chance, daß er für eine irgendwann gestellte Frage geeignete Lösungen oder Lösungsansätze bereithält.

Gerade für diese Vorgehensweise, die den Geldgebern so schwer zu vermitteln ist, hat die Natur selbst die beste Begründung geliefert: die Evolution. Wir haben weiter oben (S. 34) das Grundprinzip schon genannt: Es wird auf Genniveau stetig herumgespielt, und es werden unablässig neue Informationskombinationen ausprobiert, bei denen sich die eine oder die andere „Innovation" drastisch „auszahlt". Die Natur arbeitet hierbei mit einer geradezu verschwenderischen Fülle von Versuchsansätzen, von denen die meisten in der Praxis nicht zum Zuge kommen. Es wird bei einem nur genügend großen „Evolutionspool" aber für jede nur denkbare „Frage" bereits eine passende „Antwort" vorhanden sein. Insofern kann man den bionischen und den genetischen Informationspool durchaus vergleichen.

Welche Voraussetzungen sind nun nötig, damit Bionik-Design zum Tragen kommen kann, in der einen oder der anderen Form?

     Bionikdesign in Stichworten

Für die direkte, fragebezogene Ansatzmöglichkeit ist eine größere Akzeptanz durch Wirtschaft und Industrie nötig. Diese Aspekte haben sich positiv entwickelt, aber für einen Einsatz der Bionik-Strategie auf breiterer Front fehlen vielerorts Grundlagen-Kenntnisse bei den Verhandlungspartnern. Es ist also weiterhin Informationsübermittlung und sachbezogene Werbung nötig, und dieses Buch ist denn auch ein Baustein dazu.

Für die indirekte, allgemeine Ansatzmöglichkeit sind institutionelle Möglichkeiten nötig, sprich Bionik-Gruppierungen an Universitäten, Fachhochschulen und landeseigenen Einrichtungen. Gelingt es nicht, in den nächsten Jahren ein solches Verbundnetz aufzubauen, besteht die Gefahr, daß diese Vorgehensweise die „kritische Masse" nicht erreicht, die zu ihrer allgemeinen wirtschaftlichen Verankerung nötig ist.

7

Form und Funktion

Dieser Aspekt ist eine der wesentlichsten Grundlagen des Bionikdesigns. Wo man hinschaut, findet sich ein hoch abgestimmtes Zusammenklingen von Form und Funktion – in der Natur allerdings (wie beim o.g. Aspekt der Werkzeugkonstruktion) unvergleichlich feiner differenziert und vielfältiger ausgestaltet.

Abstimmungen

Druckknöpfe. Druckknopfkonstruktionen bestehen aus 2 Paßstücken, die unter leichtem Druck ineinanderrasten und sich erst durch einen gewissen Zug lösen. Verblüffenderweise gibt es solche Konstruktionen auch in der Biologie, speziell bei Wanzen.

Klappkonstruktionen. Das Problem, Teile zum Zwecke des Verstauens ineinanderzuklappen, löst die Natur mindestens ebenso elegant wie die Technik. Das zeigt der bereits illustrierte Vergleich eines Insektenvorderbeins mit einem Mehrzwecktaschenmesser (s. *Abb. 11*, S. 17) deutlich.

Klemmkonstruktionen. Wenn Teile an langzylindrischen Körpern angeklemmt werden sollen, bedarf es einer feinen Abstimmung der Konturen und Arretiermechanismen. Das läßt ein Läusebein am Kopfhaar ebenso erkennen wie eine Kabelklemme am Elektrokabel oder die bereits genannte Flügelkopplung bei Wanzen, im Vergleich mit einer Besenstielklemme (s. *Abb. 8*, S. 14). Wiederum sind die Abstimmungen der Natur viel spezifischer und feiner. Die belebte Welt scheut sich auch nicht vor Mikrokonstruktionen.

Was ist gutes Design?

Man kann sich umhören wo man will, mit Graphikdesignern sprechen oder mit Industriedesignern, mit Künstlern oder Naturwissenschaftlern, mit Biologen oder Technikern: Niemand kann sagen, was gutes Design ist. Doch schält sich ein Stichwortkatalog heraus.

Gutes Design soll

— ansprechend, schön sein;
— gut benutzbar, praktikabel sein;
— das Zeitempfinden widerspiegeln;
— nicht nur schön, sondern auch funktionell sein;
— die Aufgabe eines Gerätes formal unterstreichen;
— dem Innenleben eine angemessene äußere Form bieten;
— die Handhabbarkeit erleichtern;
— ästhetische Ansprüche befriedigen,
— den Kaufanreiz erhöhen;
— vom Benutzer gerne in die Hand genommen werden;
— nicht jede Mode mitmachen;
— langlebig sein;
— im Benutzer positive Gefühle wecken,
— sich auf „Urformen" beziehen;
— in der Form die Funktion widerspiegeln etc.

In der Vielfalt der Antworten finden sich 3 Hauptaspekte wieder: Design ist gut, wenn es funktionell ist, wenn es ästhetische Ansprüche befriedigt und wenn es (aus welchen Gründen auch immer) dem Benutzer gefällt. Letztendlich ist Design gut, wenn es der Benutzer als gut empfindet.

Die letztgetroffene Feststellung ist wohl nicht sehr befriedgend, da die Beurteilung einer Sache relativ ist. Dann würde ja der Geschmack des Publikums (das der Designer ja bekanntlich beeinflussen, um nicht zu sagen erziehen will) bestimmen, was gutes Design ist. Vielleicht kommt man der Sache näher, wenn man zunächst einmal fragt, was Design überhaupt bedeutet. Schlagen wir daher einige Definition nach.

- *Lateinischer Ursprung:* designare – bezeichnen;
- *Duden, Schülerlexikon (1968):* Entwurf, Plan, Muster, Modell;
- *Neuer Herder, Kunst (1972):* Mitarbeit des Künstlers bei der Gestaltung einer Form;
- *Ulmer Hochschule für Gestaltung, HfG (60er Jahre):* Produktgestaltung im Rahmen einer praktischen Ästhetik.

Vergleicht man die umstehenden Antworten, stellt die Formulierung der (seinerzeit unverständlicherweise aufgelösten) Ulmer Hochschule sicher so etwas wie eine Zusammenfassung dar. Und gleichzeitig eine Forderung: das Produkt soll praktikabel handhabbar, dabei aber auch ästhetisch ansprechend sein.

Kann man von einem „biologischen Design" sprechen?

Hat die Natur tatsächlich so etwas ähnliches wie ein „Design"? Wie würde der Biologe das bezeichnen? Die beiden analogen Termini in der Biologie lauten: „Funktionelle Morphologie" und „Konstruktionsmorphologie".

Funktionelle Morphologie
Gemeint ist nicht nur ein Beschreiben der äußeren Form und inneren Lagebeziehungen der einzelnen morphologischen und anatomischen Elemente (Knochen, Muskeln, Gefäße etc.), sondern das gleichzeitige Mitbetrachten der Funktion, die das So-Sein einer Morphe letztlich erst verständlich werden läßt: Knochen als Tragekonstruktionen, Muskeln als kontraktile Elemente, Gefäße als Transportsysteme etc.

Konstruktionsmorphologie
Die Abgrenzung zur Funktionsmorphologie ist fließend. Während man im erstgenannten Fall herausgegriffene Elemente funktionell betrachten kann (z. B. ein Blutgefäß zum Flüssigkeitstransport), betrachtet der Konstruktionsmorphologe eher „gesamte Systeme" (z. B. den Geparden als Laufmaschine). Ein Automobilkonzept kann man mit einem laufenden Säuger unter dem Gesichtspunkt der „Konstruktionsmorphologie" ohne weiteres vergleichen. Es gibt demnach ein „biologisches Design", nur heißt es im Fachjargon anders.

Lassen sich „biologisches" und „technisches" Design sinnvoll in Beziehung setzen?

Nach dem im vorhergehenden Abschnitt Festgestellten ist nicht zu bezweifeln, daß sinnvolle Beziehungen zwischen biologischem und technischem Design herstellbar sind, wenn man Design nicht als reine Formmanipulation („anything goes") mißversteht. Für mich als Biologen, dem Gestaltung und künstlerische Sichtweisen ein Anliegen sind, besteht kein Zweifel, daß ein Design, das den Namen verdient, funktionell sein muß. Funktionelles Design und Konstruktionsmorphologie sind, so unterschiedlich die Ansätze sein mögen, Begriffe, die auf das gleiche zielen: eine Einheit von Form und Funktion.

Biologen und Designer haben natürlich unterschiedliche Aufgaben:

- Der *Biologe und Grundlagenforscher* hat es mit funktionierenden „Konstruktionen des Lebens" zu tun, die es zu analysieren, zu beschreiben und zu verstehen gilt.
- Der *Designer und Konstrukteur* hat es mit Aufgabenstellungen zu tun, für die mit Hilfe eines Vorrats von Einzelelementen und Querbeziehungen die bestmögliche Lösung zu finden ist.

Die Ansätze sind also diametral entgegengesetzt. Die Vergleichbarkeit ergibt sich aber daraus, daß die „schöpferische Natur" vor genau denselben Problemen stand, steht und stehen wird, vor denen im zivilisatorischen Bereich der schöpferische Designer und Konstrukteur steht: Es gilt, das (für die Besetzung einer ökologischen Nische – für die Ausfüllung einer Marktnische etc.) Bestgeeignete zu finden. Was aber ist das Bestgeeignete?

Bestes Design bedeutet optimales Design

Die Überschrift erscheint trivial – sie ist es nicht. Der Schlüssel liegt aus meiner Sicht in einem der „10 Grundprinzipien natürlicher Konstruktionen", die ich – etwas anmaßend vielleicht – als „10 Gebote bionischen Designs" eingeführt habe, nämlich im Prinzip Nr. 2: Optimierung des Ganzen statt Maximierung eines Einzelelements.

Wenn man sich das auf S. 23 dargestellte Beispiel des Hämatokrits noch einmal ansieht, wird man mir vielleicht beipflichten, daß schon der Versuch der Maximierung einer Struktur oder einer Funktion ein verkehrter Ansatz ist. Leider werden Konstrukteure und Designer heutzutage in der Ausbildung immer noch auf Maximierung „fehlgeprägt". Sie verlieren beim Versuch, einen Einzelaspekt möglichst gut zu konstruieren, den Blick für das Ganze.

Die Natur geht genau umgekehrt vor. Sie maximiert nicht die Kraft eines Muskels und nicht die Stärke eines Knochens, sondern optimiert das Zusammenspiel zwischen Muskel und Knochen. Der Muskel ist dann vielleicht nicht so stark, wie er im Grenzfall sein könnte, und der Knochen nicht so bruchfest, doch mag das Knochen-Muskel-System dafür seine Aufgabe mit einem ausreichendem Sicherheitsgrad erreichen, und zwar so, daß es weder für seinen Aufbau noch für seine Unterhaltung mehr Energie als unbedingt nötig verschlingt.

Optimalkonstruktionen der belebten Welt sind immer auch energetisch optimierte Systeme. Das funktioniert nur unter dem Verzicht auf eine Maximalanforderung für das konstruktive Design des Einzelelements.

Läßt sich die „Güte" eines Designs messen?

Naturwissenschaft muß scheinbar Unmeßbares meßbar machen, sonst ist sie keine Naturwissenschaft: „biologisches Design" läßt sich verstehen und zumindest in eine Skala von Anforderungen einordnen, die von „schlecht geeignet" bis „gut geeignet" reichen.

Auch der Ingenieur versucht, möglichst dimensionslose Kennzahlen zu finden, die seiner Konstruktion eine Werteskala vorgeben. Ein Beispiel wäre der bereits genannte Widerstandsbeiwert (c_w-Wert).

Bei bestimmten Größen und Geschwindigkeiten („Reynolds-Zahl", würde der Ingenieur sagen; darunter versteht man eine Kennzahl für reibungsbehaftete Strömungsvorgänge) mag der größte (schlechteste) c_w-Wert einer Form (Fallschirmform, Anemometerschale) bei 1,3 liegen, der geringste (beste) c_w-Wert einer Form (Tropfenform) bei 0,1. Der alte Ford Lizzi der 20er Jahre hatte einen c_w-Wert von ungefähr 1, er hatte also ein strömungsmechanisch ausgesprochen schlechtes Design, da er nahe dem Maximalwert lag. Eines der ersten modernen Autos, die auf „Windschlüpfrigkeit" optimiert wurden, der Audi 100, hatte einen c_w-Wert von 0,28 und war deshalb „im strömungsmechanischen Design gut". Wir haben einmal die strömungsmechanische Güte von Wasserkäferrümpfen bestimmt und minimale c_w-Werte um 0,35 erhalten: für die relativ kleinen Reynolds-Zahlen ein noch „sehr gutes biologisches Design".

In günstigen Einzelfällen läßt sich die Güte eines Designs also tatsächlich messen. Doch ist das nicht immer möglich und auch nicht immer nötig.

Wann ist ein Design „schön"?

Der Begriff der Schönheit ist schwer zu handhaben und doch untrennbar mit der Formgestaltung verbunden – von der wir doch gefordert haben, daß sie im Wesentlichen funktionell sein soll.

Wichtig ist, daß alle Bildungsprozesse, die organismische Formen prägen, von funktionellen Anforderungen beeinflußt oder doch mitbeeinflußt werden. Diese Anforderungen sind sehr unterschiedlich und oft entgegengesetzt und widersprüchlich; wir haben darüber schon mehrfach gesprochen. Deshalb wird eine biologische Form stets ein „Kompromißdesign" darstellen, das sich luxurierenden Selbstzweck („Selbstdarstellung") nicht leisten kann. Freilich empfindet der Mensch biologisches Design häufig, ja zumeist als „schön". Diese ästhetische Qualität entsteht aber im Betrachter als Sekundärfolge des Erkenntnisprozesses. Sie kann nicht der betreffenden Form als Erklärungsparameter übergestülpt werden.

Den Versuch einer Formdeutung („Erklärung") zu erkennbaren funktionellen Anforderungen kann die Naturwissenschaft machen. Zum Begriff der „Schönheit" kann sie jedoch ebensowenig Stellung nehmen wie beispielsweise zum Glaubens- oder Gottesbegriff. Täte sie dies, würde sie eine unzulässige Bereichsüberschreitung vornehmen. Jeder Mensch kann und sollte freilich von einem Bereichskämmerchen ins andere wandern – er sollte nur nicht vergessen, bei jedem „Grenzübergang" sorgfältig eine Tür zu schließen, bevor er die andere öffnet.

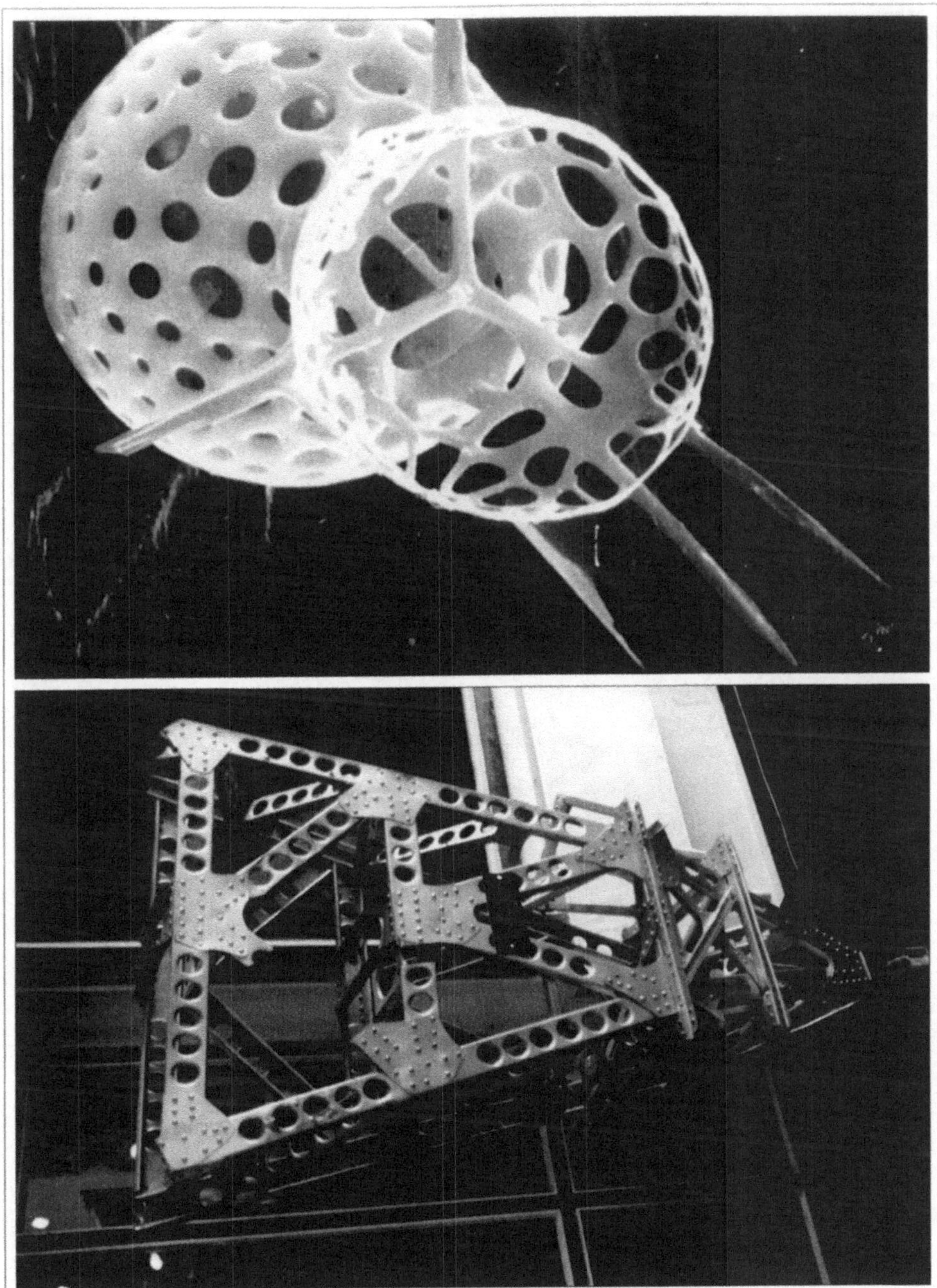

Tafel 1

  Farbtafeln

Tafel 2

Tafel 3

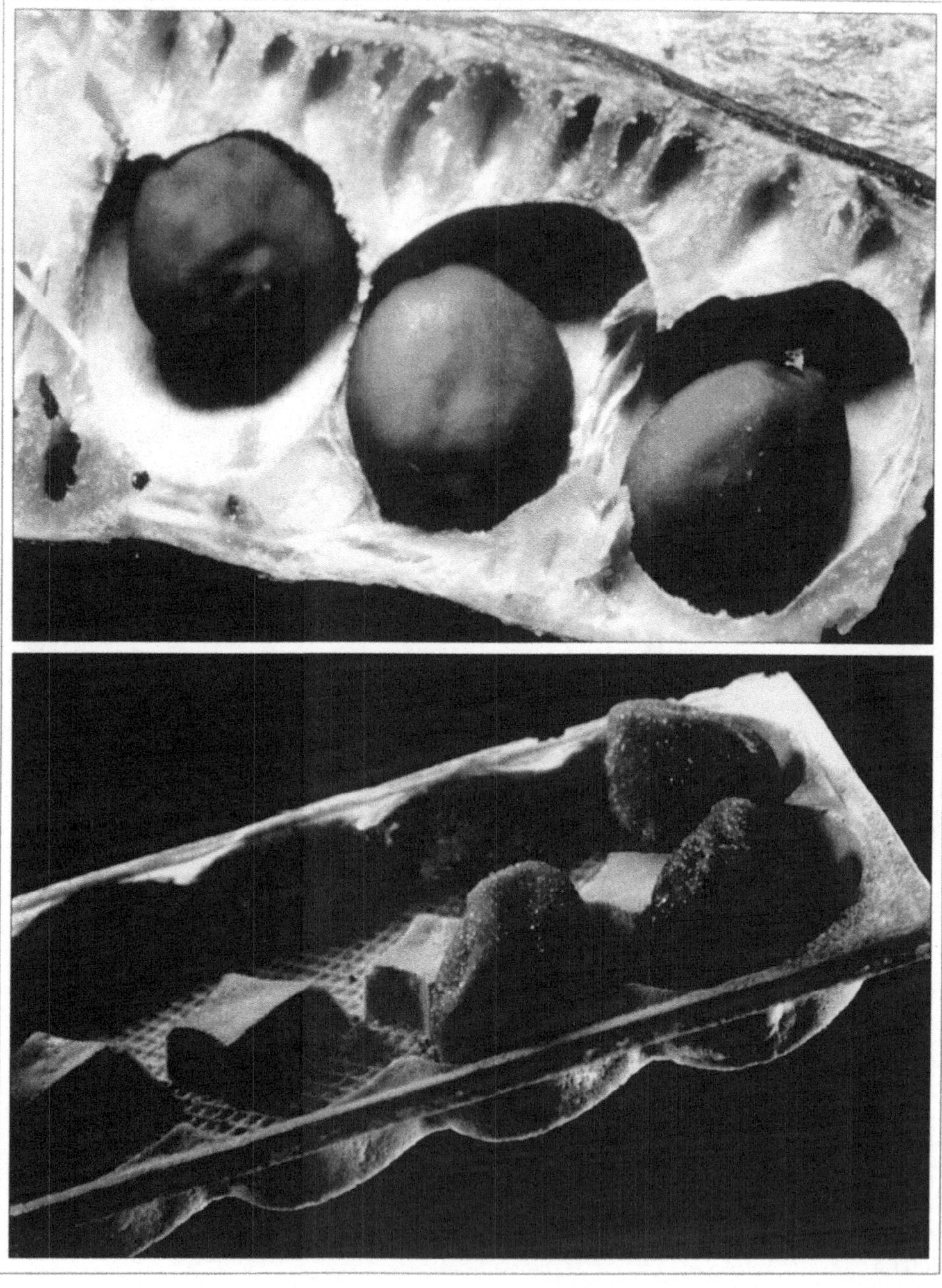

Tafel 4

Tafel 5

Tafel 6

Tafel 7

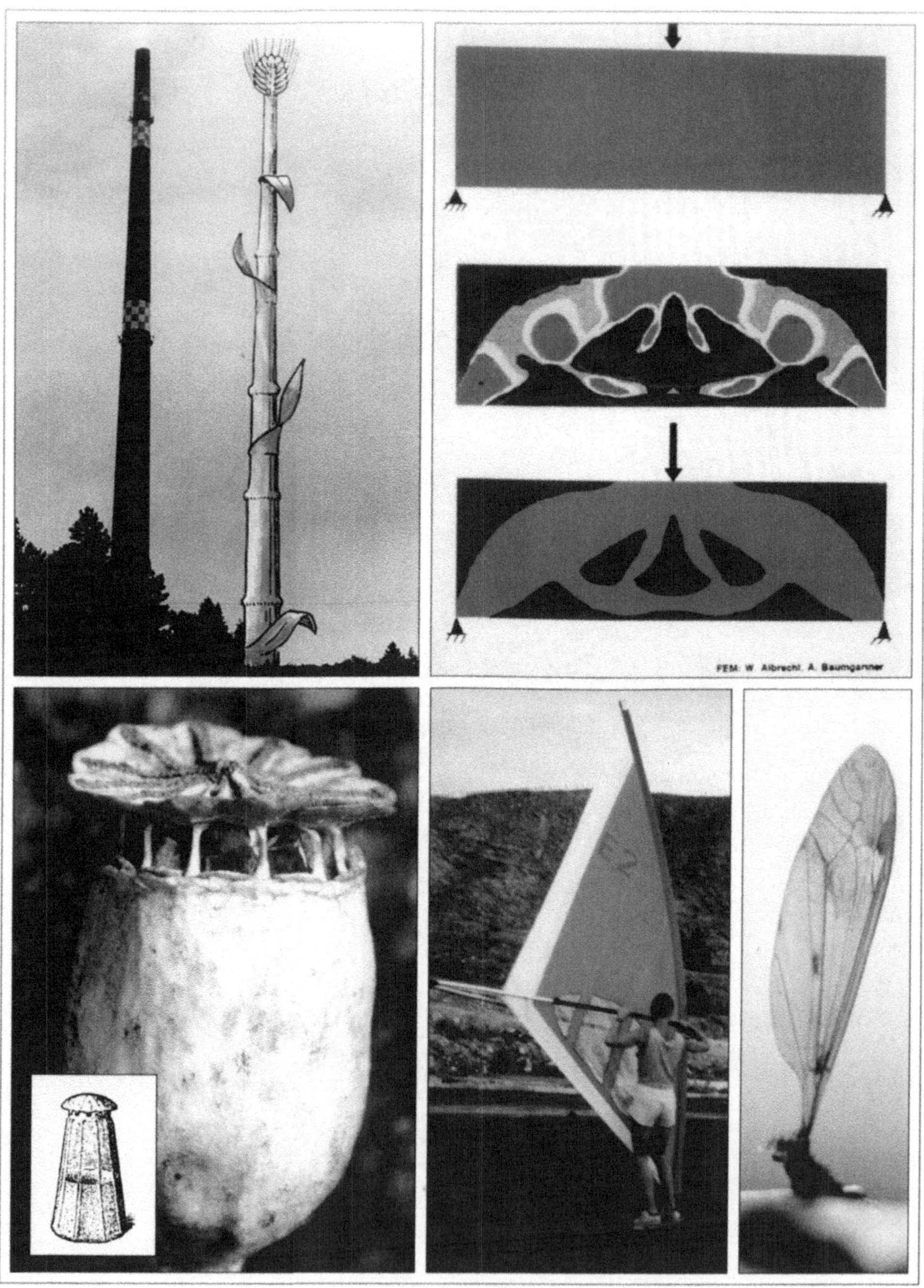

Tafel 8

Tafel 9

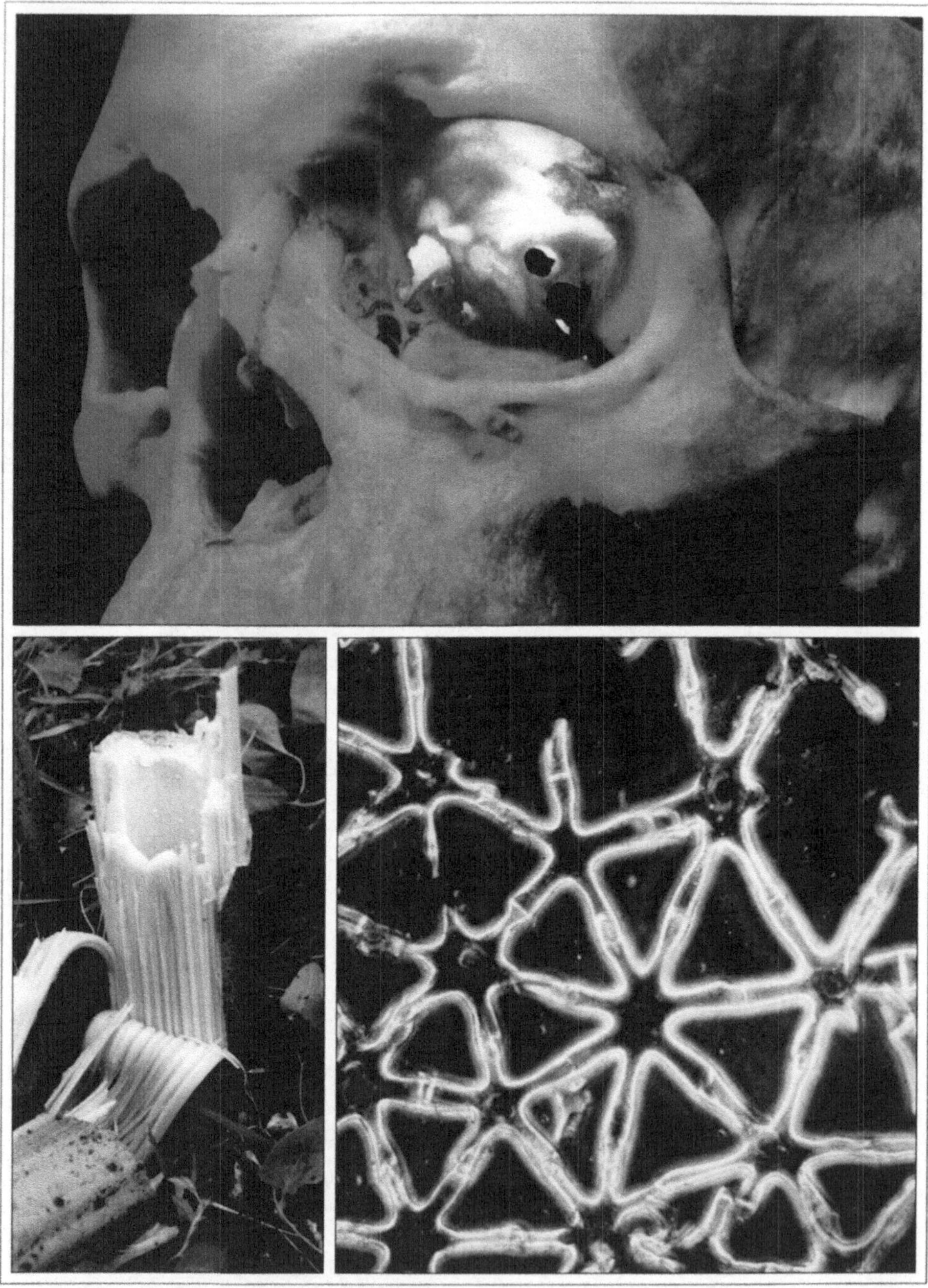

Tafel 10

Tafel 11

Tafel 12

Tafel 13

Tafel 14

Tafel 15

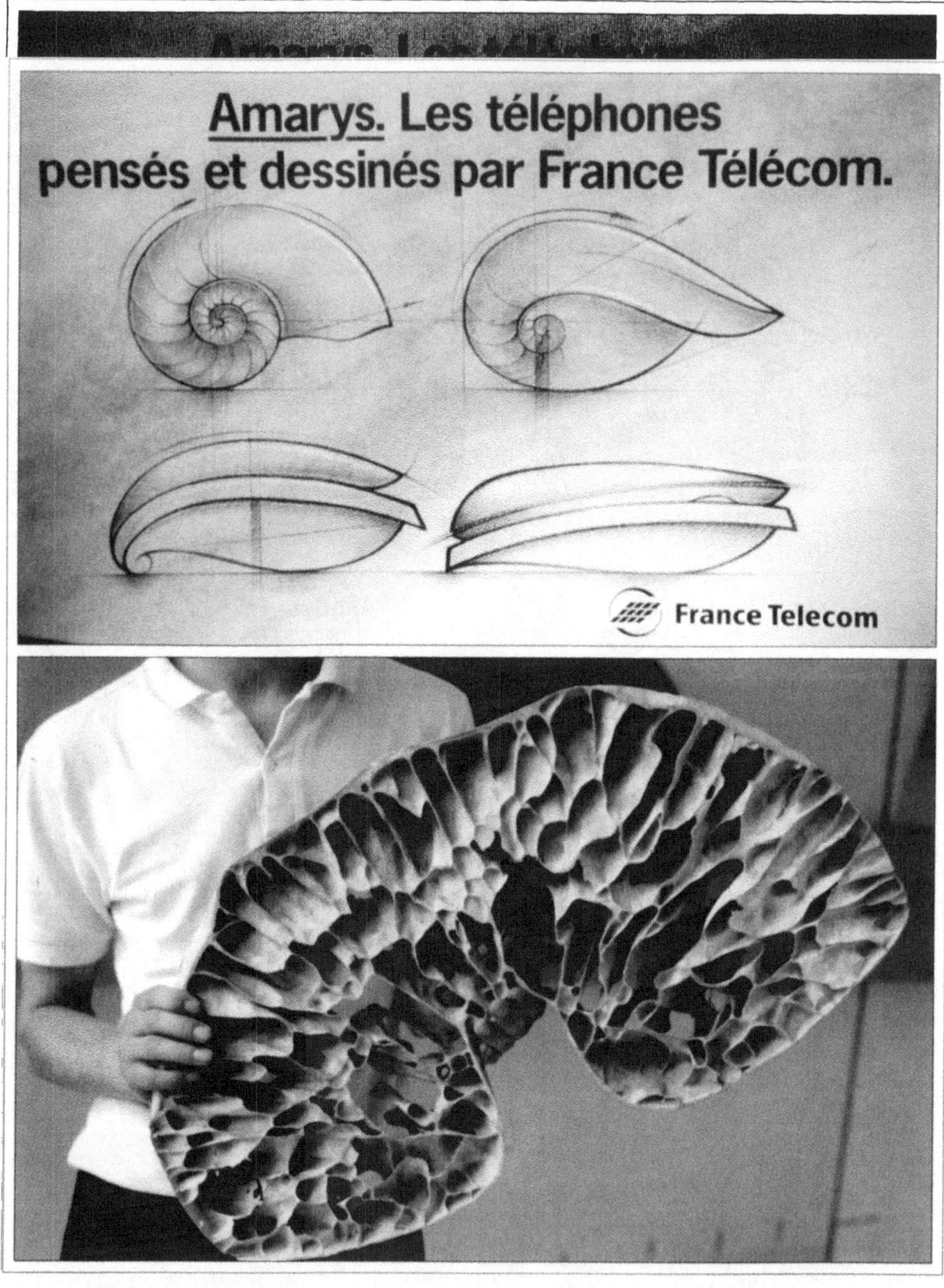

Amarys. Les téléphones
pensés et dessinés par France Télécom.
France Telecom

Tafel 16

Kurzerläuterungen zu den Farbtafeln

Tafel 1: Prinzip Leichtbau

Die vielfach durchlöcherte, extrem leichte und dabei druckfeste Siliziumdioxidschale einer Meeresradiolarie garantiert geringe Sinkgeschwindigkeit. – Die Spitze des Zeppelin-Luftschiffs „Hindenburg" war auf große Biegesteifigkeit bei geringstmöglichem Gewicht hin konstruiert.

Tafel 2: Prinzip kinematische Kette

Im Schubkurbelgetriebe von Lokomotiven sind mehrere kinematische Ketten verborgen. Das Gleiche gilt für den Öffnungs- und Schließmechanismus beim Fischmaul: analoge Konstruktionen in Metall und Knochen.

Tafel 3: Prinzip weitgespannte Tragwerke

Manche Spinnen bauen glockenförmige Gespinste, die mit Fäden von Trageelementen abgehängt sind. Das berühmte Dach des Olympiastadions in München (konstruiert unter maßgeblicher Beteiligung des Archtekten Frei Otto) zeigt Mechanismen zur Abhängung und zur Reduktion von Punktbelastungen, die man bei Spinnennetzen wiederentdeckt und dann erst verstanden hat.

Tafel 4: Verpackungstechnik

Die Art, wie Früchte und Samen stoßfest und dabei mit geringem Materialaufwand, aber „großer Raffinesse" verpackt sind (hier ein Bruchpräparat der Johannisbrotbaumfrucht), könnte die Ver-

packungsindustrie revolutionieren. – Ansätze dazu finden sich in der
eßbaren Verpackung für Bonbons der Firma Wissoll.

Tafel 5: Photovoltaik

Hinweise für photovoltaische Effekte in den Hinterleibsringen der
Hornisse (hier vor einem Windkanal zur Messung ihres Wider-
standsbeiwerts) könnten zur Entwicklung neuartiger, preiswerter
Photovoltaikzellen für Solarmobile führen.

Tafel 6: Antriebseffizienz

Tretboote sind nicht antriebsoptimiert und wühlen – ökologisch
schädlich – den Untergrund auf. – Schlagflossenantriebe (hier
eines unserer Modelle im Wasserbecken) vermeiden diese Nachteile.

Tafel 7: Technische Biologie und Bionik

Der Gleitflug des Staren in einem unserer Windkanäle hat zur Entwicklung eines geometrisch identischen und hochpräzisen Modells
geführt, an dem man biologisch wie technisch interessante Einflüsse
gezielt verändern und studieren kann.

Tafel 8: Laufmaschinen

Käfer – hier *Carabus violaceus* – können schnell koordiniert,
störungsarm und lagestabil laufen. Bei der Entwicklung von Laufmaschinen – hier die Konstruktion von Pfeiffer (München) – hat
man viel vom Studium laufender Insekten (Stabheuschrecken: Cruse, Bielefeld) übertragen können.

Tafel 9: Analoga

Ein „Riesengetreidehalm" müßte so plump ausfallen wie der
„schlankste" Industrieschornstein. – Das Programm „Wachsen
nach dem Vorbild der Bäume" von C. Mattheck hat einen unnötig
massierten Träger zu einer Leichtbauform entwickelt, bei der überall etwa gleiche Spannungen herrschen. – Die Kapsel des Klat-
schmohns (*Papaver rhoeas*) hat den Bonikpionier R. H. Francé zu
einem Kapselstreuerpatent inspiriert (als Test, ob man bei den
Patentämtern mit etwas derartigem durchkommt; das Patent wurde tatsächlich erteilt,: R.G.M. Nr. 723730 [2] aus dem Jahre 1920).
– Surfersegel sind schwer verstaubar. Wir prüfen z. Z., inwiefern

ein Studium der Adernmechanik von Insektenflügeln hierfür Abhilfe schaffen kann.

Tafel 10: Geräteantrieb

Wasserläufer (hier die Gattung *Gerris*) bewegen sich durch Ruderbewegungen ihrer Mittelbeine. Die japansche Firma Toyota hat einen analogen „Ruder-Roller" als Sportgerät entwickelt.

Tafel 11: Materialien

Biologische Materialien führen meist zu hochkomplexen Formstücken, in denen die Materialdicke der lokal wirkenden Belastung angepaßt ist: Schädel des Menschen. – Der tragende Schaft des Riesenbärenklaus (*Heracleum mantegazzianum*) gewinnt seine Stabilität durch eine Kombination aus einem langgestreckten, biegesteifen Trägergerüst, zwischenliegenden, schwellbaren Taschen eines wasserreichen Gewebes und einer Art „Styroporauskleidung".

Eines der zartesten und zugleich erstaunlich belastbaren Gewebe im Pflanzenreich ist das „Sternparenchym" von Binsen, deren miteinander verbundene Zellen sich gegenseitig abstützen.

Tafel 12: Strömungsoptimierte Körper

Mein kritischer Blick gilt einer in unserem Wasserkanal schwimmenden Regenbogenforelle, deren Formanpasung und Bewegungssteuerung wir untersucht haben. – Für den Eselspinguin (*Pygoscelis papua;* hier eine „mitgezogene" Aufnahme) haben wir einen – technisch unglaublich guten – Druckwiderstandsbeiwert von $c_{WD} \approx 0{,}07$ (!) bestimmt. Nach Berliner Forschungen von Bannasch et al. (1995)kann er noch geringer sein.

Tafel 13: Volumenoptimierte Fahrzeugrümpfe

Kofferfische und ähnliche Organismen sind dafür bekannt, daß sie für ihre Größe ein erstaunlich umfangreiches Volumen mit sich herumschleppen. – Früher hat man schnelle Autos überwiegend strömungsoptimiert; heute richtet sich das Interesse mehr auf die Volumenoptimierung kleiner Familienwagen: ähnliche Probleme und Lösungen.

Tafel 14: Flügeldesign

Der abfliegende Weißstorch (*Ciconia ciconia*) zeigt schön die abgespreizten Handschwingen, die die Umströmung der Flügelenden positiv beeinflussen. – In analoger Form hat man z. B. beim Airbus „Endflügelchen" mit ähnlichem Effekt angesetzt.

Tafel 15: Beispiele für erfolgversprechende Vorbilder

Präzisionssteuerung „weicher" Roboterglieder nach dem Vorbild des Elefantenrüssels. – Konstruktion nur kurzzeitig funktioneller und rasch vollständig rezyklierbarer Materialien nach dem Vorbild des Stinkmorchelschafts. – Gut haftende und doch leicht lösbare Haftverbindungen nach dem Vorbild der Laubfroschzehen. – Multifunktionelle Werkzeuge nach dem Vorbild von Insektenbeinen (hier das Grabbein einer Zikadenlarve). – Faltmechanismen, die extrem platzsparend verstaute Elemente weitgespannt entfalten lassen, nach dem Vorbild von Blattknospen. – Verpackungen, mit denen man serielle Elemente nach dem Vorbild vielsamiger Früchte möglichst raumsparend zusammenfügen kann.

Tafel 16: Form- und Funktionsanalogie

Die Entwicklung einer Telefonform aus einer *Nautilus*-Schale: formgestalterischer Eigenzweck ohne hinterlegte Funktion. – Biologische Sandwichkonstruktionen (hier der Schnitt durch einen Elefantenschädel) sind hochfunktionell und können Ideen geben für die Entwicklung neuartiger, druckunempfindlicher und gleichzeitg extrem leichter Türblätter, Raumteiler etc.

8

Einige Grundaspekte bionischen Designs – etwas detaillierter erläutert

Konstruktionselemente in Biologie und Technik sind oft funktionell ähnlich, der Form nach jedoch unterschiedlich

In gewisser Weise sind lebende Organismen kleine Maschinen. Sie funktionieren nach den Gesetzen der Physik. Ihre bauliche Konstruktion läßt sich vielfach mit den Gesetzen der Statik beschreiben, ihre Bewegungsweise mit denen der Kinematik, ihr Zusammenspiel mit den umgebenden Medien – etwa beim Laufen, Fliegen, Schwimmen – mit den Gesetzen der Dynamik. Die Analogien zwischen Organismen und Maschinen ermöglichen eine wechselseitige Kontaktaufnahme zwischen Biologie und Technik. Sie können auch helfen zu klassifizieren und zu ordnen.

Dies sei zunächst an einigen Beispielen technisch-biologischer Konstruktionselemente und Verbindungen dargestellt. Die Beispiele sind prinzipiell einfach. Nicht immer kann man an einem technischen Mechanismus oder an einer biologischen Struktur Form- und Funktionselemente so einfach und so klar erkennen. Trotzdem verbergen sich in jedem Organismus und in jedem technischen Gebilde immer eine Vielzahl solcher Elemente.

Jede Maschine läßt sich in eine Reihe von Grundelementen zerlegen. Rund zwei Dutzend mögen es im klassischen Maschinenbau sein. Der Techniker nennt sie Maschinenelemente oder *Konstruktionselemente*. Konstruktionen in Biologie und Technik lassen sich unter einem gemeinsamen Gesichtspunkt vergleichen: dem der Konstruktionsprinzipien. Die Konstruktionselemente sind das konkrete Handwerkszeug, mit dem ein abstraktes Konstruktionsprinzip realisiert werden kann. Es ist wichtig festzustellen, daß die meisten dieser Elemente in Technik und Natur in genauer Entsprechung ausgebildet sind, wie das folgende Beispiel zeigt.

Druck- und Zugstab: Schultergürtel der Haustaube
Mauert man einen Träger einseitig ein und belastet ihn am Gegenende mit einem angehängten Gewicht (z. B. Kleiderhaken), so wird er auf Biegung beansprucht. Biegungsbeanspruchungen sind bekanntlich gefährlich und können durch zusätzlichen Anbau eines Stabwerks vermieden werden. Dabei sollten die Stäbe günstigerweise so gelagert werden, daß sie jeweils nur auf Druck oder nur auf Zug beansprucht werden. Im Idealfall entlasten sie sich mit geringstem Materialaufwand gegenseitig. Man kommt damit zu einem Stabfachwerk als extremem Leichtbau (vgl. *Abb. 29 a*, S. 41). In der Natur gibt es viele Beispiele dafür, etwa das Binsenmark *(Farbtafel 11)* oder auch Skelette mikroskopisch kleiner Pflanzen und Tiere *(Farbtafel 1)*.

Die Prinzipien kann man z. B. am Kleiderhaken und am Schultergürtel eines Vogels nachvollziehen. Die *Abb. 31* zeigt, wie ein Mauerträger S_1 *(Abb. 31 a)* durch Einbau eines Zugstabs S_2 *(Abb. 31 b)* oder eines Druckstabs S_3 *(Abb. 31 c)* biegeentlastet werden kann. Im 1. Fall wird die Zugkomponente Z des Gewichts G von S_2 aufgenommen, und S_1 wird nur druckbelastet. Im 2. Fall wird die Druckkomponente D des Gewichts G von S_3 aufgenommen, und S_1 wird nur zugbelastet. In jedem Fall werden alle Stäbe, S_1, S_2 und S_3, biegeentlastet.

Als stärkster Muskel eines Vogels spannt sich der grobe Brustmuskel *(Musculus pectoralis major)* zwischen dem Brustbeinkamm *(Crista sterni)* und dem körpernahen Ende des Oberarmknochens *(Humerus)* aus *(Abb. 31 d)*. Zum Flügelabschlag zieht dieser Brustmuskel den Oberarmknochen mit großer Kraft nach unten gegen das Brustbein. Der Oberarmknochen ist zwischen dem Schulterblatt *(Skapula)* und dem Rabenschnabelbein *(Coracoid)* eingelenkt. Letzteres vermittelt zwischen dem Oberarmgelenk und dem Brustbein; das Schulterblatt zieht schräg nach hinten und ist durch Seh-

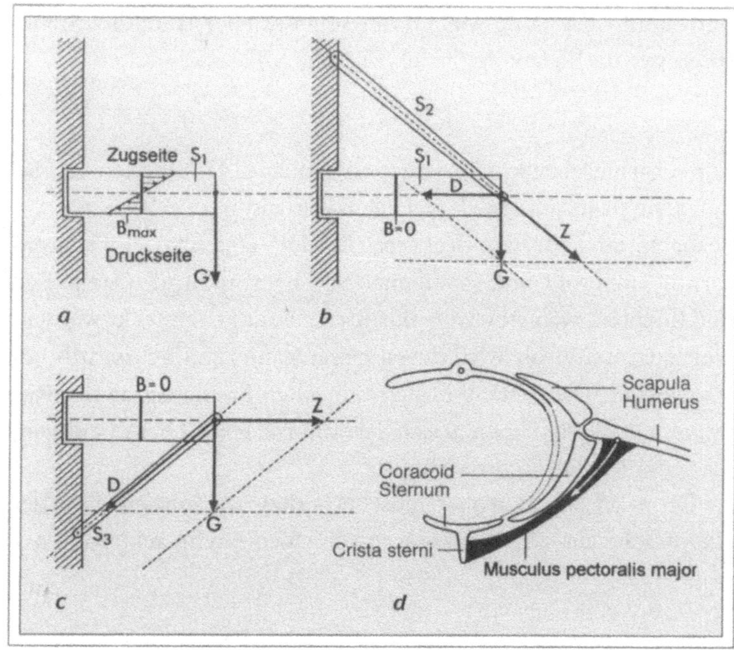

Abb. 31 a–d:
a–c) Mauerträger
d) Vogelschulter-
gürtel

nen mit dem Rückenteil des Brustkorbs verbunden. Beim Abschlag versucht der große Brustmuskel das Oberarmgelenk gegen das Brustbein zu ziehen. Die Bewegung wird jedoch durch das zwischengeschaltete kräftige Coracoid verhindert. Dieser Knochen wird sehr stark belastet und fungiert als nahezu reine Druckstange. Ebenso auf Druck beansprucht wird das in *Abb. 31 c* nicht eingezeichnete Schlüsselbein. Das Schulterblatt *(Scapula)* wirkt dagegen beim Abschlag zeitweise als Zugstange und wird nicht so stark beansprucht.

Beim Bruch des Coracoids würde der Zug des großen Brustmuskels den Brustkorb eindrücken. Das Coracoid bricht jedoch im Experiment bei reiner Druckbeanspruchung erst dann, wenn die Belastung 3,7 mal größer ist als die maximal einsetzbare Muskelkraft. Mit Sicherheitsfaktoren von 2–4 steht die Natur dem technischen Flugzeugbau keineswegs nach.

Nach derartigen Prinzipien sind biologische Leichtbauten abgespannt und versteift. Im Idealfall entlasten sich alle „Stäbe" gegenseitig von gefährlichen Biegespannungen. Dies ist insbesondere der Fall im Fachwerk „schwammartiger" Knochensubstanzen, seien sie eher als Stäbchen ausgebildet, wie in unserem Oberschenkelhals und -kopf *(Abb. 29 a, S. 41)*, oder seien es eher lamellöse Strukturen wie im Elefantenschädel *(Farbtafel 16)*.

Scharniergelenke

Ein Scharniergelenk, mit dem man z. B. zwei Holzplatten verbindet, kann so gebaut sein: Eine Gelenkplatte ist in zwei Fortsätze ausgezogen, die andere in drei *(Abb. 32)*. Die Fortsätze sind röhrenförmig aufgerollt und so aufeinander abgestimmt, daß sie passen und fluchten, wenn die Gelenkhälften zusammengesteckt werden. Der Zusammenhalt wird durch einen stählernen Achsenstift gewährleistet. Das Gelenk besitzt nur einen Freiheitsgrad der Rotation. Die Platten können sich daher nur in einer Ebene bewegen, die senkrecht zur Achse steht.

Die pazifische Riesenherzmuschel besitzt zwei Schalen, die in der Hauptsache aus – mikroskopisch verschiedenartig aufgebauten –

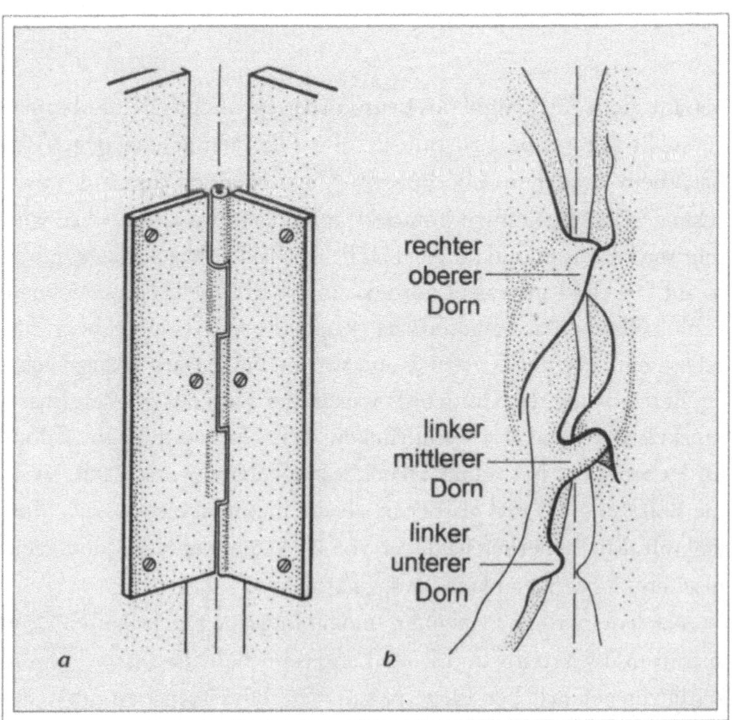

Abb. 32 a+b:
a) Technisches Scharniergelenk
b) biologisches Scharniergelenk

Kalziumkarbonatschichten bestehen. Die Schalen sind mit einem Schloß von etwa 8 cm Länge verbunden, das nach dem gleichen Prinzip arbeitet wie das in der *Abb. 32 a* dargestellte Gelenk, aber kein Verbiegungselement („Stift") besitzt. Das Gelenk ist *funktionell* ein stabiles Scharniergelenk mit Zweipunktlagerung, Zwangsführung und Verdrehungsschutz *(Abb. 32 b)*. Wie das technische Scharniergelenk besitzt es nur einen Freiheitsgrad der Rotation. Er erlaubt den beiden Schalen eine Klappbewegung gegeneinander und verhindert gleichzeitig wirkungsvoll Verdrehungen und Verschiebungen der Schalen in jede andere Richtung. Dies wird durch ein Dornen-Gruben-System erreicht. Der zahnförmige linke mittlere Dorn ragt in eine tiefe Höhlung neben dem rechten mittleren, und der letztere paßt seinerseits genau in einen Schalenausschnitt über dem linken. Der kleine rechte untere Dorn rastet in eine Längsgrube unter dem kräftigen linken unteren ein. Zwischen den mittleren und unteren Fortsätzen verbindet das kräftige, hornartige Schließband die Schalen auf der Außenseite. Es steht unter Vorspannung und versucht deshalb, die Schalen zu öffnen. Seine Antagonisten sind die beiden starken Schließmuskeln, die über und unter dem Schloß die Schalen verbinden. Nur wenn die Schalen ganz geschlossen werden, rastet der breitausgezogene rechte obere Dorn vollständig in die längliche Grube unter dem linken oberen ein.

Kupplungen
Zwei Loren einer Feldbahn werden üblicherweise mit einer Haken-Ösen-Kupplung mit Sicherungsflügeln verbunden *(Abb. 33 a)*. Dadurch ist eine sichere Verbindung nicht nur bei Zugbeanspruchung gewährleistet. Die Verbindung hält auch dann, wenn die Kupplung gestaucht wird. Die Öse hebt dann den Scherungsflügel an. Die Kupplung geht dabei aber nicht auf, weil das Gewichtsende am Widerlager aufschlägt.

Zwischen dem Vorder- und Hinterflügel der Wanze *Graphosoma italicum* ist eine Haftvorrichtung mit Sicherung ausgebildet, die im Prinzip ganz ähnlich wie die eben beschriebene technische Vorrichtung wirkt *(Abb. 33 b)*. An bestimmten Stellen ist der Hinterrand des Vorderflügels umgebogen (in der Zeichnung nach oben). Es entsteht eine langgestreckte Leiste, die zusammen mit einer Gegenleiste eine im Querschnitt hakenförmige Furche bildet. Die Gegenleiste trägt einige übereinanderliegende Reihen kräftiger, dichtschließender

     Grundaspekte bionischen Designs – detailliert

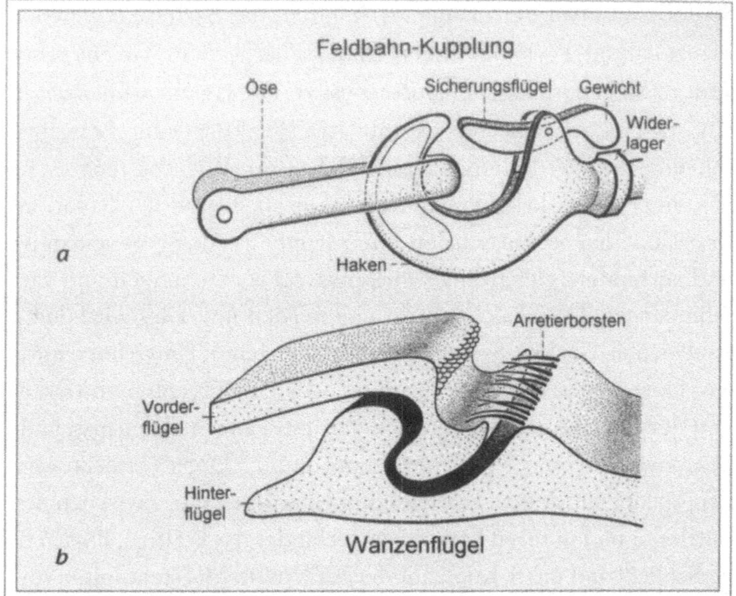

Abb. 33 a+b:
a) Feldbahn-
kupplung
b) Kupplung
zwischen Vorder-
und Hinterflügel
einer Wanze

Borstenhaare, die schräg nach abwärts gebogen sind. Der Vorderrand des Hinterflügels ist nach unten abgebogen und verbreitert
sich dann – im Querschnitt in Form eines umgekehrten T – in eine
hintere und eine vordere Leiste. Die Zeichnung ist so orientiert,
daß die Oberseite der Wanze nach unten weist; der Vorderflügel
überdeckt den Hinterflügel. Wenn sich beim Öffnen der Vorderflügel nach unten bewegt und dabei an dem ruhenden Hinterflügel
entlanggleitet, schnappt die Kupplung automatisch ein. Dabei werden zunächst die Haare nach unten abgebogen. Sobald der Hinterflügel ganz eingerastet ist, gibt seine vordere Leiste die Enden der
Haare frei, und diese federn zurück.

Solange zwischen den beiden Flügeln Zugspannung herrscht –
v. a. im Flug – ist eine Lösung der Kupplung ausgeschlossen. Wenn
die Flügel nach der Landung wieder zusammengelegt werden sollen, wird die Kupplung gestaucht. Da die sehr biegesteifen Haare
als „Sicherungsflügel" wirken, bedarf es jedoch eines sehr kräftigen
Drucks, um die Flügel auszuklinken. Zufälliges Ausklinken wird so
– wie bei der Feldbahnkupplung – sicher vermieden.

Falzverbindungen

Die *Abb. 34 a* zeigt eine Metallblechfalzverbindung. Dieser Falztyp wird dann verwendet, wenn eines der beiden Bleche nicht umgebördelt werden kann oder soll; die Verbindung genügt z.B. für Auflagebleche (Blechdach), in denen keine große Spannungen senkrecht zur Falzkante auftreten.

Beim Rosenkäfer *(Cetonia aurata)* sind die Flügeldecken in ganz ähnlicher Weise längsverfalzt *(Abb. 34 b)*. Die Rosenkäfer öffnen die Flügeldecken während des Flugs nicht; die Flügel werden vielmehr aus seitlichen Buchten der Deckflügel herausgestreckt. Diese sog. Elytren sind mit ihren medianen Längskanten verfalzt. Die Verfalzung ist so stabil, daß man die Flügeldecken beim Präparieren nur mit kräftigem Fingernageldruck auseinanderbringt. Mit dieser vollkommenen Verfalzung wirken die beiden Flügeldecken wie eine einzige, halbkugelige Deckschale, die dann entsprechend druckstabil ist.

Es gibt noch zahlreiche weitere Falzverbindungen in der Natur, insbesondere im Insektenreich. Fast immer werden damit aus Einzelelementen stabile Gesamtgebilde formiert. Mehrfachfalze gibt es z. B. bei Wasserkäfern.

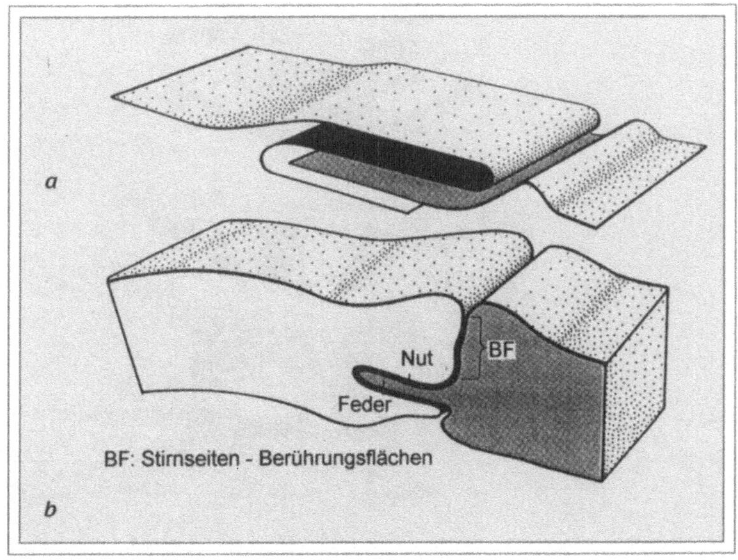

Abb. 34 a+b:
a) Technische Falzverbindungen
b) biologische Falzverbindungen

Zahntriebe

Bei guten Zirkeln fällt die Längsachse der Rändelschraube mit der Winkelhalbierenden der beiden Schenkel immer genau zusammen, gleichgültig, wie weit die Schenkel gespreizt sind. Es gibt verschiedene Möglichkeiten für diese automatische Zentrierung. Man kann z.B. beide Schenkel in gezähnte Kreisscheiben auslaufen lassen und einander gegenüberstehend so lagern, daß die Zähne ineinandergreifen. Hält man nun die Rändelschraube fest und bewegt einen Schenkel, so weicht der andere um die gleiche Winkelbewegung in Gegenrichtung aus. Bewegt man andererseits die beiden Schenkel auseinander, so bleibt die Rändelschraube jeweils zentrisch stehen. Dies ist für die Handhabung günstig.

Eine ganz ähnliche Geradführung findet man in dem „Kontureninstrument", das in *Abb. 35 a* dargestellt ist. Die Sprungwanze *Pyrilla perpusilla* besitzt eine analoge Zahnführung an den Hüftgliedern der Hinterbeine. In *Abb. 35 b* ist eine Stellung gegen Ende des Sprungs gezeichnet. Wenn sich die Sprungmuskeln kontrahieren, ziehen sich die beiden Schenkelringe ruckartig nach vorne gegeneinander. Dabei werden die Hinterbeine ebenfalls gegeneinander-

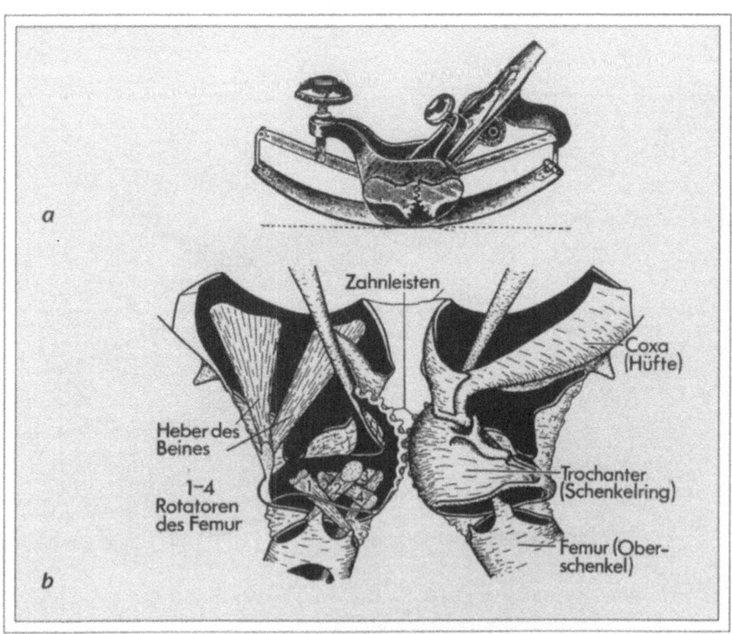

Abb. 35 a+b:
a) Geradführung durch Zahnscheibensektoren in Technik und *b)* Biologie

geknipst, und das Tier wird von der Unterlage abgeschleudert. Prinzipiell gesehen kann ein Sprung in Richtung der Körperlängsachse nur dann stattfinden, wenn sich die Sprungmuskeln der beiden Körperhälften zur gleichen Zeit, gleich schnell und gleich stark kontrahieren. Das ist schwierig zu realisieren und setzt eine komplizierte neuromuskuläre Koordination voraus. Abweichungen im Koordinations- und Kontraktionsvorgang können sich jedoch dann nicht auswirken, wenn die Bewegungen der beiden Schenkelringe mechanisch gekoppelt sind. Bei *Pyrilla perpusilla* wird eine solche Kopplung durch Zahnradsektoren an den Schenkelringinnenflächen bewirkt. Sie greifen beim Sprung ineinander. Die Chitinzähne passen exakt und sitzen „auf Lücke". Diese Führung – richtig eingeklinkt – sorgt dafür, daß die Körperlängsachse stets in der Winkelhalbierenden der Beingabel steht. Ein einseitig stärkerer Muskelzug kann sich somit nicht auf die Sprungrichtung auswirken.

Mechanische Verbindungen
Konstruktionselemente stehen niemals für sich allein. Sie sind i. allg. zu je zweien miteinander verbunden. Es gibt eine Vielzahl technischer Verbindungsklassen und Verbindungstypen. Auch hier finden wir in der Biologie wieder eine unübersehbare Menge analoger Formen.

Die zweiklappigen Greifzangen *(Pedicillarien)* der Seesterne sitzen einzeln oder in ganzen Bündeln auf beweglichen Stielen. *(Abb. 36 a, b)*. Sie dienen v. a. dem Beutefang. Gottesanbeterinnen und andere Insekten besitzen gut ausgebildete Fangvorderbeine. Sie wirken nach dem Taschenmesserprinzip (s. *Abb. 11*, S. 17).

Greif-, Klammer- und Fangbeine gibt es bei Gliederfüßlern in einer großen Typenvielfalt, nicht nur bei den genannten Gottesanbeterinnen *(Abb. 36 c, d)*. Die Klammerflächen sitzen an der Innenseite von Schenkel und Schiene der Vorderbeine. Oft trägt der Schenkel eine Längsnut, in die die Schiene eingeklappt werden kann. Dornen und Vorsprünge begleiten die Fangfläche.

Die hier erwähnten Klammer- und Kupplungsorgane bilden nur einen verschwindend kleinen Teil der Mechanismen, die die belebte Welt zum Zusammenkoppeln von Bauteilen entwickelt hat. In *Abb. 37*, S. 75 ist eine kleine Übersicht ohne nähere Typenangabe gegeben – allein zur Illustration des Gesichtspunkts, daß die Typenvielfalt der Natur auch bei augenscheinlich simplen technischen

   Grundaspekte bionischen Designs – detailliert

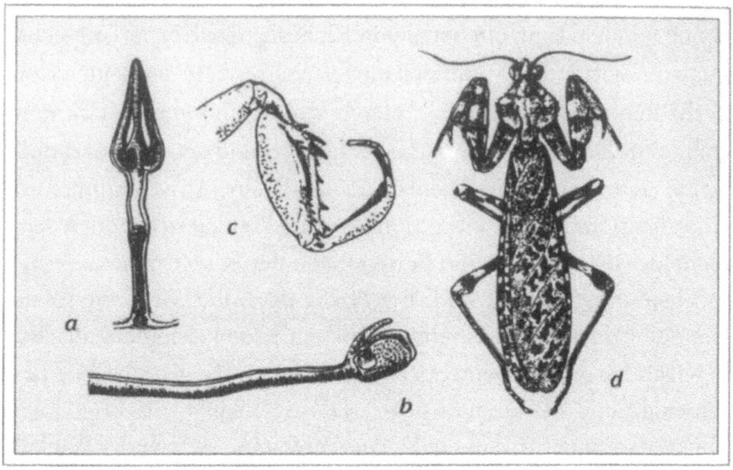

Abb. 36 a–d: Greiforgane bei Tieren. **a, b)** Greifzangen *(Pedicillarien)* von Seesternen; **c, d)** Fangbeine von Gottesanbeterinnen

Anforderungen eine unübersehbare Menge an Beispielen anbieten kann. Das Studium solcher Elemente lohnt sich außerordentlich, wenn der Designer über neuartige technische Lösungen nachdenkt.

Da gibt es Widerhaken in ganzen Batterien bei Früchten *(Abb. 37 a)*, einziehbare Hakenkränze bei Bandwürmern *(b)*, Ankerketten bei Vermehrungskörpern von Moostierchen *(c)*. Es kommen „Eislöffel" vor bei Doppeltieren *(d)*, Fangeinrichtungen bei Zuckmücken *(e)* und Immobilisierungseinrichtungen bei Spinnen *(f)*. Polderartige Einrastmechanismen gibt es bei Vogelmilben *(g)*, Haken-Saugnapf-Kombinationen bei Tintenfischen *(h)*. Genau eingepaßte Klammermechanismen tragen Haarmilben an ihren Beinen *(i)*, bedornte Fangklemmen findet man bei Weberknechten *(k)*. Die Vielfalt der Mechanismen ist ein Zeichen dafür, daß das Problem „Anklammern" oder „Anklemmen" von größter ökologischer Bedeutung ist.

Biologische Materialien haben interessante funktionelle Besonderheiten

Von biologischen Materialien kann man viel für die Technik lernen. Manche haben Eigenschaften, die in der Technik noch nicht so sehr üblich sind und die übertragbar erscheinen. Andere wiederum werden wohl typisch biologisch bleiben. Faszinierend ist hier nicht nur

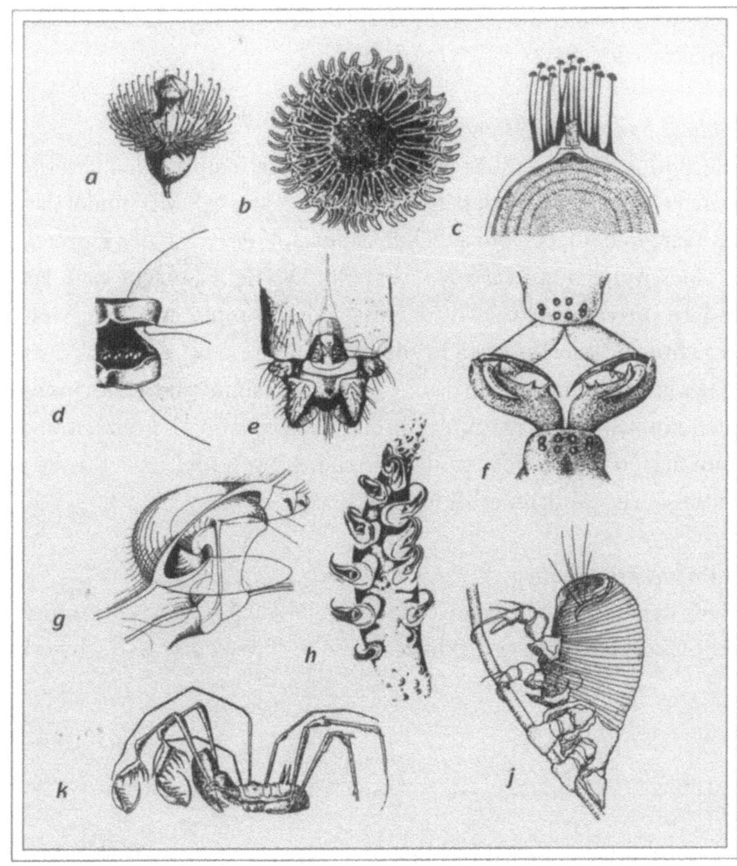

Abb. 37 a–k:
Beispiele aus der
Biologie zum Pro-
blem „Anklemmen"
(vielleicht ein
Zehntel Promille
der von der Natur
entwickelten
Formenmannig-
faltigkeit zur
Lösung eines
„technisch einfa-
chen" mechani-
schen Problems
(Erläuterung s. Text)

die Vielfalt der Lösungsmöglichkeiten, sondern auch die Art, wie
sehr unterschiedliche Anforderungen mit ein- und demselben Material unter einen Hut gebracht werden

Biologische Materialien

— werden selten „in einem Stück gefertigt" sondern eher schritt-
weise;
— sind selten schwer, meist leicht;
— sind selten auf einen einzigen Zweck abgestimmt, sondern erfül-
len eher mehrere Zwecke;
— sind gut geeignet für funktionelles Design;
— können sich z. T. selbst reparieren;
— leben nicht länger als nötig und sind voll rezyklierbar.

Man findet hierbei eine ganze Reihe der „10 Gebote bionischen Designs" wieder, die ab S. 21 besprochen wurden. Einige dieser Aspekte seien etwas näher betrachtet.

Bildung biologischer Materialien
Die Bildung biologischer Materialien erfolgt häufig schichtweise, wobei eine Schicht auf der anderen abgelagert wird. Man findet dieses Prinzip bei jeder pflanzlichen Zellwand, etwa bei der Holzzelle eines Apfelbaums *(Abb. 38)*. Vorteile: Die neue Schicht kann auf andere mechanische Erfordernisse abgestimmt werden; viele Schichten können besonders gut „multifunktionell" wirken.

Es gibt allerdings auch das Gegenteil: die simultane Ausformung auch komplizierter Strukturen. Die Skelette von Diatomeen und Radiolarien bilden sich „in einem Arbeitsgang", meist aus flüssiger Kieselsäure, die dann erhärtet.

Ultraleichtmaterialien
Eines der leichtesten Tragwerke in der Natur ist in den Schuppen der Schmetterlinge verwirklicht. Ein submikroskopisches Fachwerk

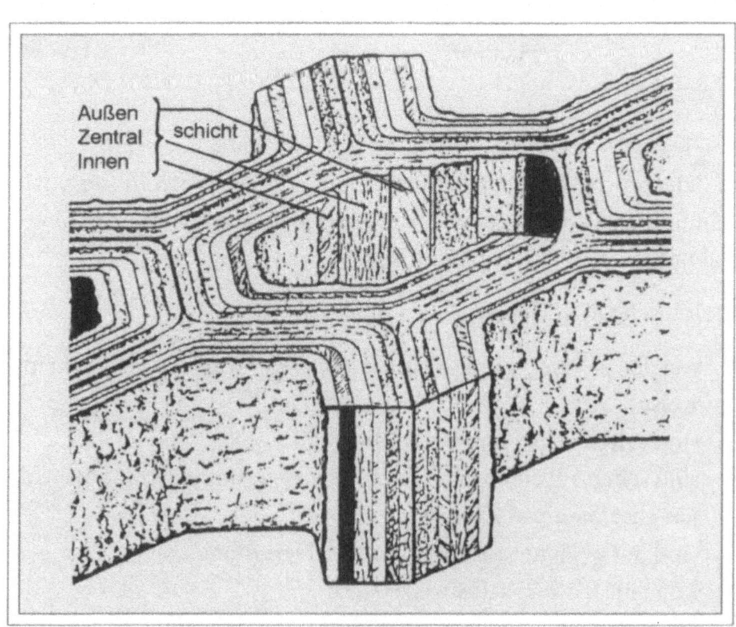

Abb. 38: Skizze des prinzipiellen schichtweisen Aufbaus einer pflanzlichen Zellwand

von Pfeilern und „Zick-Zack-Dächern" baut sich auf einer Trage-
membran auf *(Abb. 39)*. Diese „Dächer" kombinieren Stabilität mit
der Fähigkeit, Schillerfarben zu erzeugen (die bei der Partner-
findung der Schmetterlinge wesentlich sind), und das mit aller-
geringstem Bauaufwand: Komplexibilität im Detail ja, große Masse nein.

Multifunktionalität
Das letztgenannte Beispiel der Schmetterlingsschuppen hat besonders deutlich gemacht, wie die Natur auch weit auseinanderliegende
Effekte mit ein- und derselben Struktur unter einen Hut zu bringen versteht. Fachwerkbau (statisch vorteilhaft) hat nun wirklich
nichts zu tun mit der Entstehung physikalischer Schillerfarben (ver-
haltensbiologisch vorteilhaft) oder oberflächenrauher Flügel (flug-
biologisch vorteilhaft). Alle 3 Aspekte werden mit ein- und derselben Strukturierung „bedient".

Funktionelle Ausformung
Biologische Materialien werden fast ausnahmslos so eingesetzt, daß
hochfunktionelle Formen entstehen. Die *Abb. 40* zeigt sog. „Liebespfeile" von Schnecken. Sie werden als Kalkgebilde zeitlebens mitgeführt und spielen nur bei der gelegentlichen Kopulation eine Rolle als – etwas rauhbeinige – Stimulationseinrichtungen für den
Kopulationspartner. Da sie stets mitgeführt werden, sollten sie
leicht sein. Im entscheidenden Fall sollten sie aber nicht brechen.

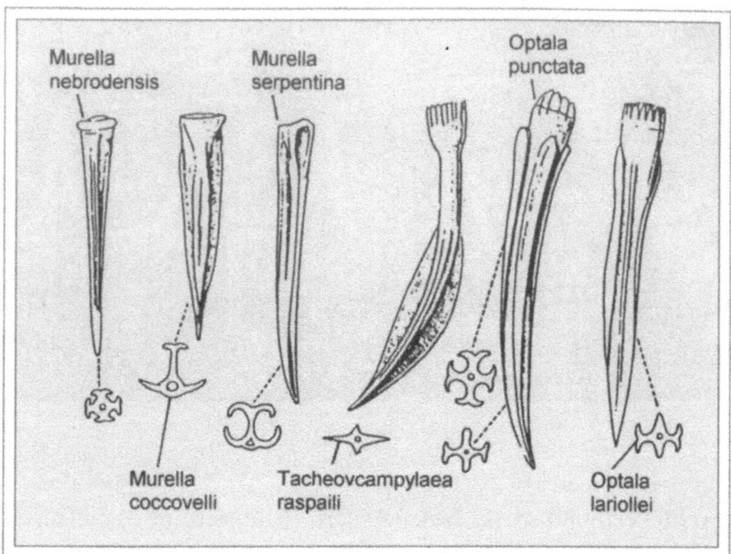

Kalkmaterial ist sowieso immer etwas brüchig. Es kommt also sehr auf die Formgebung an – gekennzeichnet auch durch die eigentümliche Querschnittsgestaltung.

Autoreparabilität

Dieses Charakteristikum scheint nun typisch biologisch zu sein: die Fähigkeit eines Materials, sich selbst zu reparieren. Das bekannteste Beispiel ist der Knochen. Knochengewebe besteht aus langezogenen Einheiten, die wie ineinandergesteckte Kalkröhren aussehen („Osteonen"; *Abb. 41*). Diese sind aus abgelagertem (totem) Material gebildet, das sehr reich ist an Kalzium. Die Osteonen werden über weitverzweigte Blutgefäße stark durchblutet. Zwischen ihnen sitzen Nester belebter Elemente, normale Knochenzellen. Diese können das Kalzium aus dem Blut aufnehmen und an notwendigen Stellen ablagern. Andere Zellen können diese Ablagerungen wieder auflösen: ein dauernder An- und Umbau in diesem Knochenmaterial. Man sollte nicht annehmen, daß es unmöglich ist, diesen Effekt technisch nachzuahmen. So könnten feinste Haarrisse im Brückenbeton durch Einsinterung von kalkreichem Wasser und Kalziumanlagerung an positiv geladenen Stellen (Anlegung einer Gleichspannung an die Armierung) geschlossen werden.

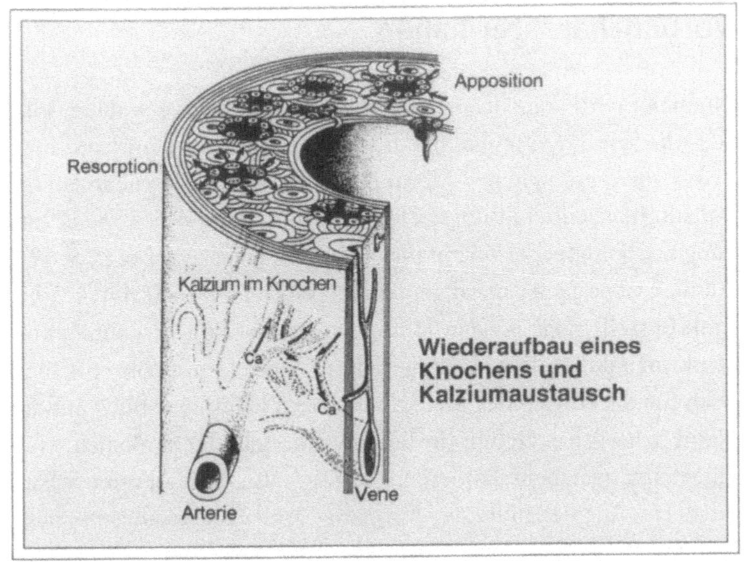

Abb.41:
Modell einer
Knochenstruktur
(„Compacta")
mit Osteonen

Knochenmaterial bringt noch ein anderes Kunststück fertig.
Neben der in *Abb. 41* gekennzeichneten festen Knochensubstanz
(„Compacta") gibt es noch die schwammartige Knochensubstanz
(„Spongiosa"). Diese besteht aus zahlreichen miteinander vernetz-
ten feinsten Knochenbälkchen. Man findet sie z.B. im Hals und Kopf
unseres Oberschenkels (*Abb. 29 a*, S.41). Die Bälkchen sind, wie
bereits dargestellt worden ist, jeweils funktionell ausgerichtet, und
zwar so, daß sie sich gegenseitig von Biegung entlasten, selbst aber
nur auf Druck und Zug beansprucht sind. Deshalb kann die Natur
die Spongiosasubstanz äußerst leicht – d.h. materialarm – bauen.

Bei Knochenbrüchen wird diese fein ausbalancierte gegensei-
tige Abstützung zerstört. Im Laufe einiger Wochen richten sich die
Bälkchen aber wieder ein, bis ein neues Gleichgewicht erreicht worden ist.

Vollständige Rezyklierbarkeit
Dieser Aspekt wurde weiter oben schon genannt, als es um die Cha-
rakterisierung der wesentlichen „Designverfahren" im biologischen
Bereich ging. Er darf aber auch in dieser spezielleren Zusammenstellung nicht fehlen, ist doch die Rezyklierbarkeit eines der Haupt-
charakteristika biologischer Materialien überhaupt.

Biologische Bauten können
Vorbildcharakter haben

Niemand wird vorschlagen, daß Menschen in Bauten wohnen sollten, die wie Termitenbauten aussehen. Und trotzdem kann man
etwas von diesen kleinen Meisterkonstrukteuren übernehmen: ihr
vollautomatisches Lüftungssystem, das auf clevere Weise unter Nutzung der Sonnenenergie mit porösen Substanzen arbeitet (s. S. 39).
Ähnlich ist es auch ganz allgemein mit der Bau- und Architekturbi-
onik bestellt. Das genaue Hinschauen führt zum Erkennen von
strukturfunktionellen Besonderheiten, deren Grundkonzepte man
auch für die Bauten des Menschen nutzen kann. Der Blick auf die
Natur schärft das Gefühl für unkonventionelle Technologien. Nur
eines kann man nicht: kopieren. Direkte Naturkopie ist reine Scharlatanerie. Aus der Fülle der Anregungs und Umsetzungsmöglich-
keiten 2 Beispiele.

Formen der Natur und der „ursprünglichen Zivilisationen"
entsprechen sich im Versuchs-Irrtums-Prozeß der Evolution
Die Analogie bedeutet, daß man Naturformen ebenso wie „pri-
mitive" Bauformen ursprünglicher Zivilisationen in vergleich-
barer Weise auf Anregungen für modernes Bauen abklopfen kann
(Anm. 11).

Präriehunde nutzen das Bernoulli-Prinzip zur Lüftung ihrer Bauten (*Abb. 18*, S. 28). Ganz analog hat man in der altiranischen Architektur u. a. Windtürme und Tonnen- oder Kuppeldächer mit oder
ohne Aufsätze zur Zisternen- und Raumkühlung eingesetzt (*Abb. 42;*
Anm. 11). Beide „Entdeckungen" sind nach dem Versuchs-Irrtums-
Prinzip gefunden worden und deshalb vergleichbar. Auch diese Kup-
peldachformen arbeiten nach dem Bernoulli-Prinzip. Über dem
Dach werden die Stromlinien zusammengedrängt; die Windge-
schwindigkeit steigt, und dadurch entsteht ein Unterdruck. Hierbei können die Dachaufsätze funktionell sein, d. h. einen zusätzlichen Unterdruck erzeugen. Im Endeffekt wird Luft aus den
kühleren, erdnahen Bereichen in den Raum gesaugt.

Daneben gibt es sog. Windtürme, die nach dem Staudruckprinzip arbeiten. Zusätzlich wird die Erdfeuchte oder ein Springbrun-
nen zur Wohnraumklimatisierung eingesetzt. Diese alte Technik ist
keine direkte Naturkopie und gerade deshalb funktionell.

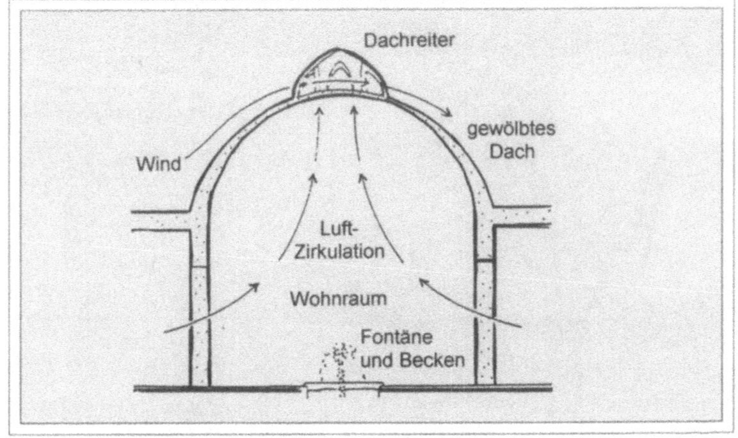

Abb.42:
Raumkühlung in der altiranischen Architektur

Über den bauphysikalischen Aspekt hinaus
kann die Natur Gestaltungsanregungen geben

Wie immer man zum Design natürlicher Bauten steht – dem betrachtenden Auge erscheint sie vielfach, ja häufig „schön". „Unberührte" Natur erscheint schon faßt per se als „schön". Es ist eine viel zu wenig beachtete Tatsache, daß das ästhetische Umfeld des Menschen – und das architektonische ist nun einmal unser Alltagsumfeld – dessen Befindlichkeit entscheidend mitbeeinflußt. Man kann darüber philosophieren, warum Naturformen „interessant" oder „anregend" etc. wirken: Es ist unbestritten, daß dem so ist *(vergl. Abb. 43)*. Das systemhafte Einbeziehen der Morphen der Natur – also nicht das unreflektierte Übernehmen von Naturformen in die Architektur, das nur lächerlich wirken kann – sollte von den Bautheoretikern viel stärker als bisher diskutiert werden.

Beispiel: der Architekt S. Calatrava

Wie steht der architektonisch interessierte Leser bespielsweise zur Formensprache des spanischen Architekten S. Calatrava? Betrachtet man die Skizzen der *Abb. 44*, kann man vielleicht sagen, seine häufig von Naturvorbildern abstrahierte Architektur sei
– oberflächlich organismisch,
– aufregend, dynamisch,
– begehbar, erlebbar,
– auf jeden Fall ungewöhnlich.

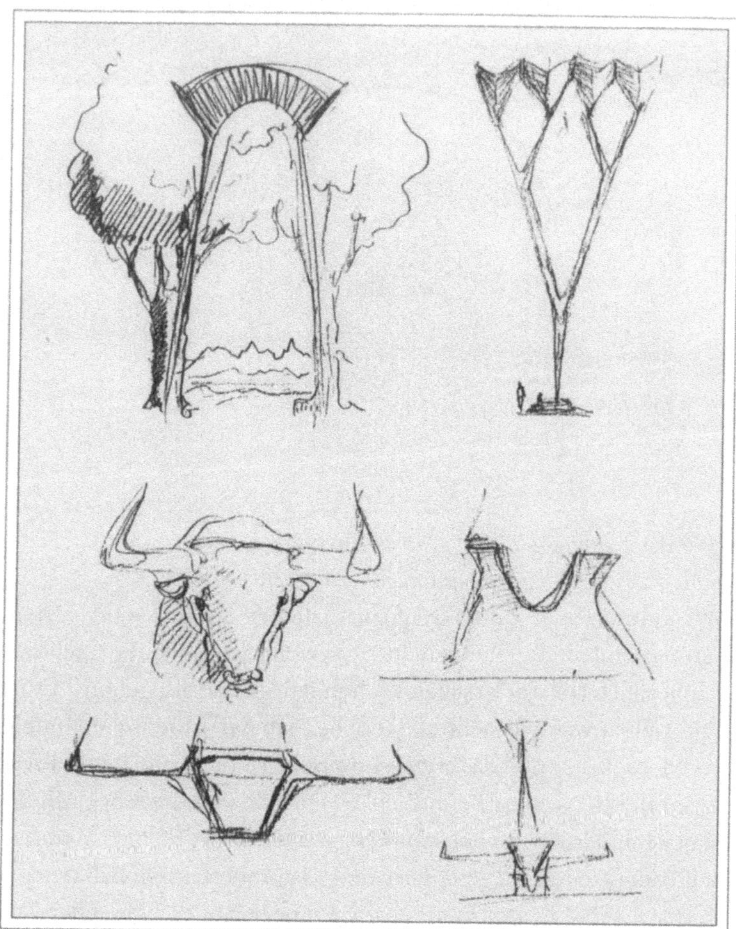

*Die Einbeziehung von Umweltgegebenheiten behindert nicht
die Entwicklung einer klaren, modernen Formensprache*

Die Einbeziehung der Natur wird oft als Weg „Zurück zur Natur"
mißverstanden, hin zu einer naturtümelnden Formensprache.
Daß dem keineswegs so sein muß, zeigen die „Formvorbilder" der
Abb. 44, die von Architekten bereits umgesetzt worden sind. Das
zeigen aber z. B. auch die zukunftweisenden Architekturentwürfe
von Thomas Herzog.

Konzepte, wie sie in *Abb. 45* skizziert sind, zeichnen sich gerade dadurch aus, daß sie nicht an allen Ecken und Enden nach Natur

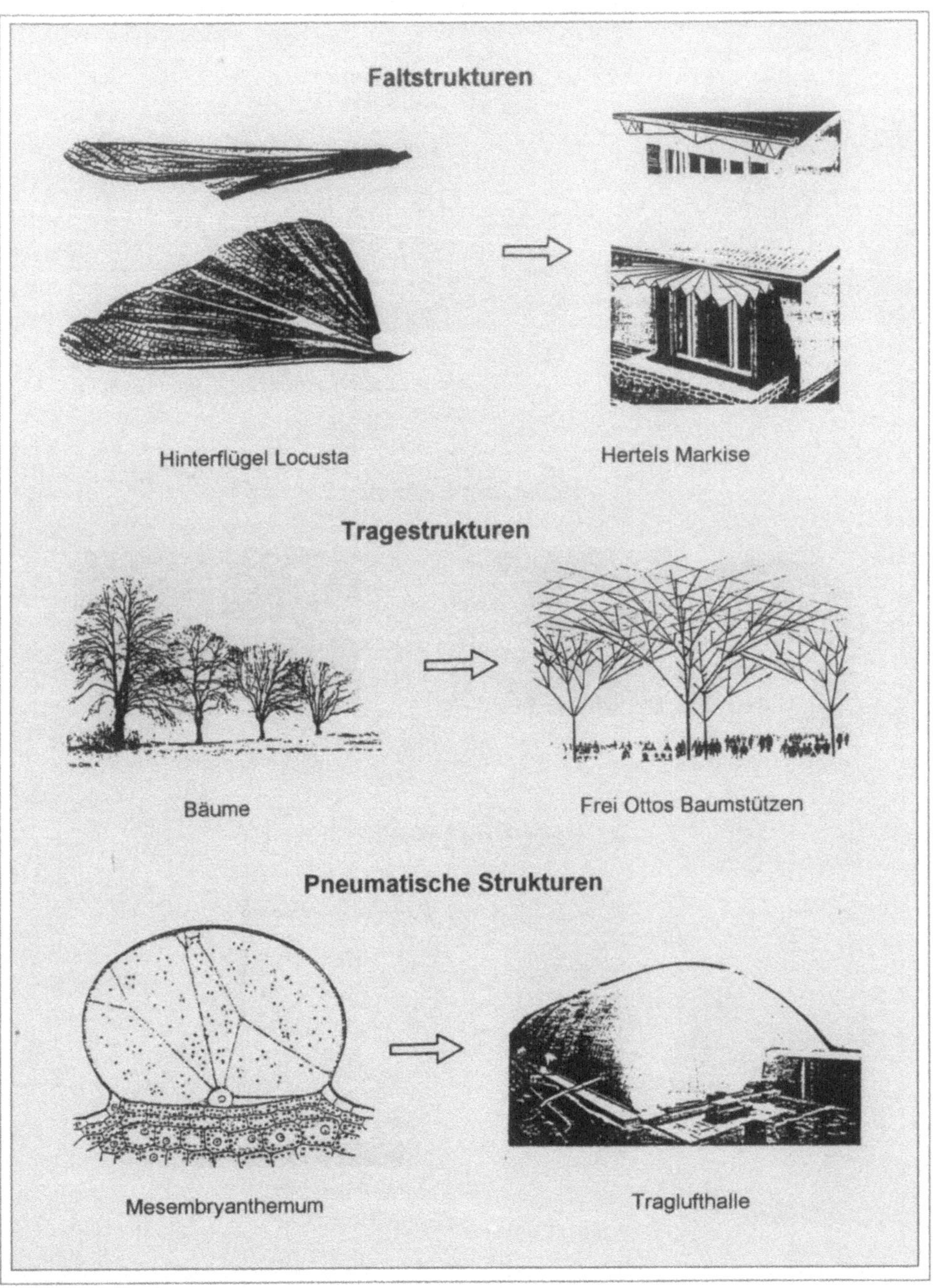

Abb. 44/1: *(weitere Beispiele auf der nächsten Seite)*
„Formvorbilder" aus der Natur, die sich in – heute bereits klassischen – Bauformen wiederfinden

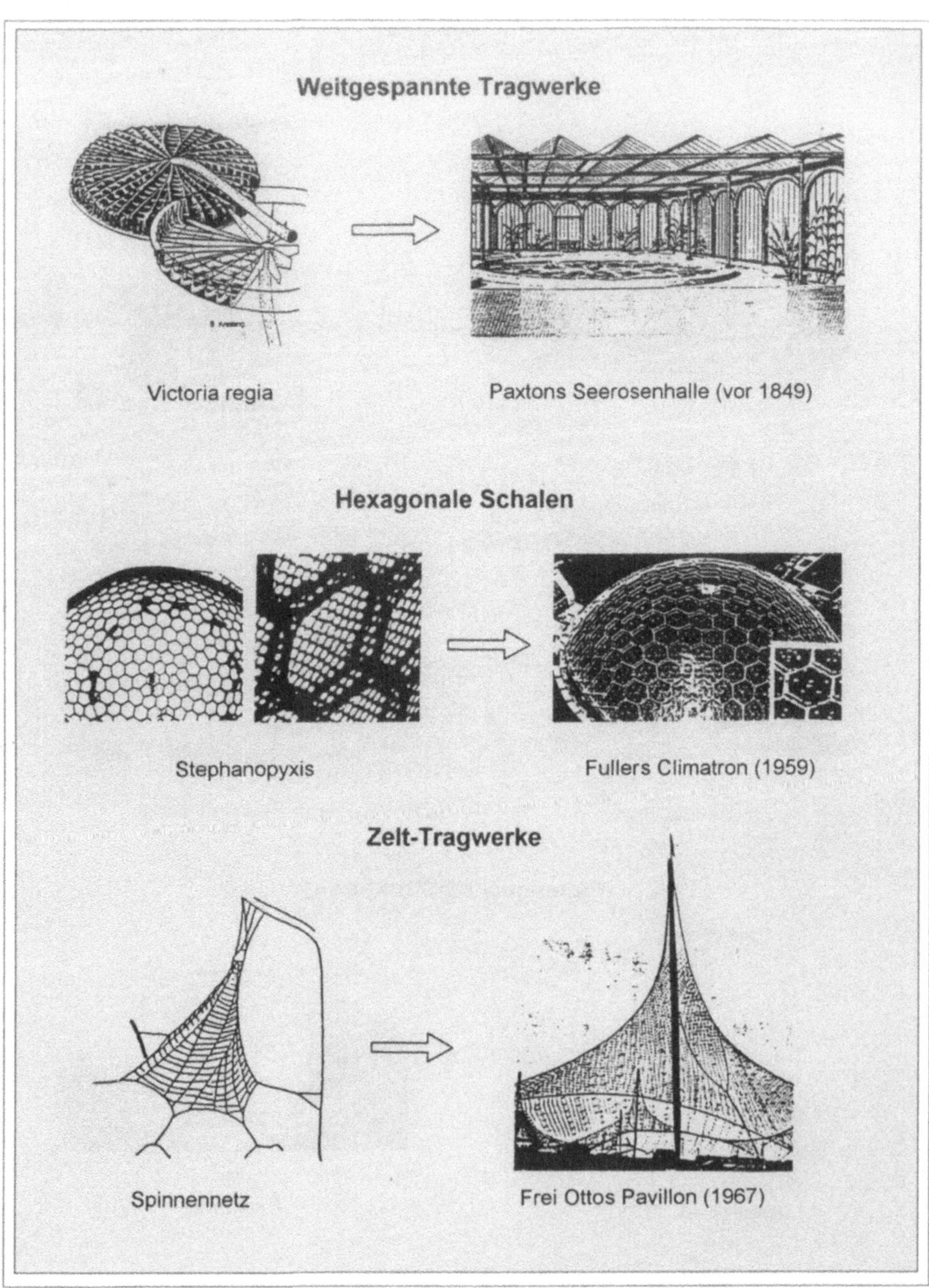

Abb.44/2: *(weitere Beispiele auf der vorherigen Seite)*
„Formvorbilder" aus der Natur, die sich in – heute bereits klassischen – Bauformen wiederfinden

riechen, dabei aber ebenso sachte wie effizient typische Kenn-
zeichnen „natürlicher Bauten" mit einbeziehen. Es sind dies u.a.

— konsequenter Leichtbau,
— Ausrichtung zur Sonne,
— jahreszeitliche Lichtnutzung,
— jahreszeitliche Abschattung,
— Temperaturgradientennutzung,
— ausgeglichener Wärmehaushalt,
— Erdwärmenutzung,
— Erdkühlenutzung,
— passive Lüftung.

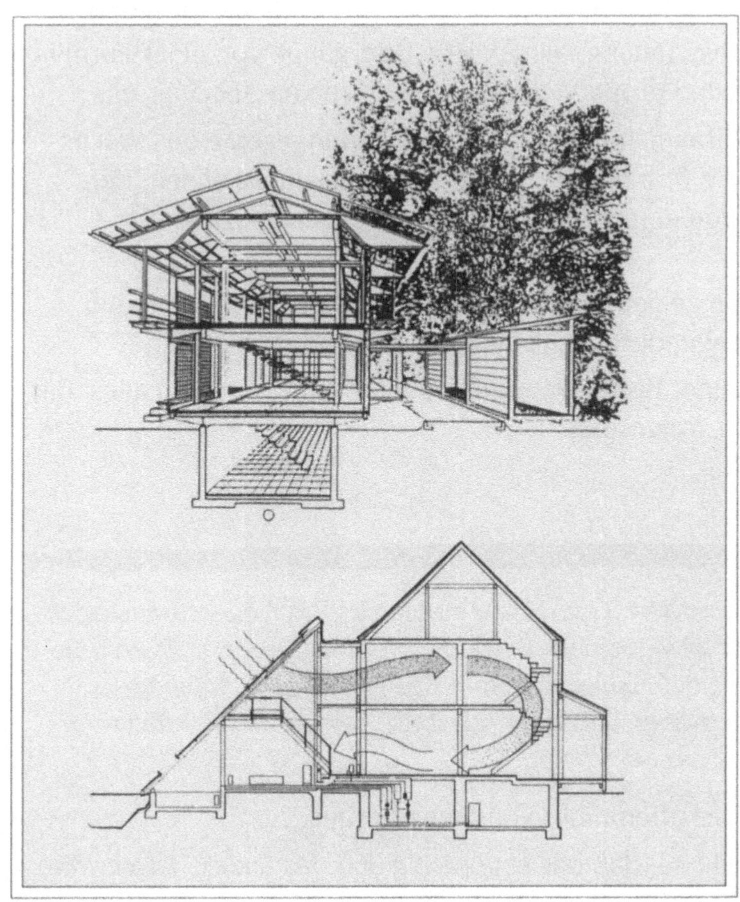

Abb.45:
Berücksichtigung
baubionischer
Aspekte in
der modernen,
funktionellen
Architektur
(T. Herzog, ca. ab 1978)

   Grundaspekte bionischen Designs – detailliert

Künstlerische Gestaltung und Naturvorbild

Natur und Kunst berühren sich von alters her. Seit jeher war auch die Formensprache der Plastiker von Naturvorbildern inspiriert. Kaum jemand hat das so deutlich ausgedrückt wie der englische Bildhauer Henry Moore (z.B. in seiner 1975 fertiggestellten Plastik „Bone“).

Die Beobachtung der Natur gehört zum Leben des Künstlers; sie erweitert sein Wissen um die Form, erhält die Spontaneität und bewahrt ihn davor, nurmehr nach Formalem zu arbeiten; und schließlich regt sie die Inspiration an...

Knochen haben eine wunderbare strukturelle Kraft und eine starke Formspannung, allmähliche Übergänge von einer Form in die andere und große Vielfalt in den einzelnen Abschnitten.

Bäume (Baumstämme) lassen die Grundgesetze des Wachstums und die Stärke von Verbindungsstücken erkennen; der Übergang von einem Abschnitt zum anderen vollzieht sich mühelos...

Muscheln zeigen die natürlich harte aber hohle Form und haben eine wunderbare Vollkommenheit der Einzelform...

Feuersteine, Kiesel, Muscheln oder Treibholz haben allesamt Ideen in mir freigesetzt.

aus: Hedgecoe 1968

In einem gewissen Sinn ist die Kunst abstrakt. Abstraktes oder Gegenständiges in einem Werk abzulehnen, hieße mißverstehen, worum es in der Skulptur und in der Kunst geht. Manche Künstler sind eher optisch eingestellt, finden mehr Gefallen an der Natur...

Andere schaffen mehr von Innen heraus...

Es ist nicht so, daß das eine richtig und das andere falsch wäre.

aus: Hall 1960

Bionisches Design in Sensorik und Robotik

In der Biologie werden (fast) alle lebenswichtigen Daten aus dem Inneren eines Körpers und aus seinem Umfeld pausenlos mit hoher Abtastrate über hochkomplexe Sensoren monitoriert. Im Vergleich zu technischen Meßgeräten bestechen diese Sensoren vielfach durch ihre Miniaturisierung und ihre extreme Empfindlichkeit *(Abb. 46)*.

Das VDI-Technologiezentrum „Physikalische Technologien" hat 1993 ein Symposium „Technologie-Analyse Bionik" veranstaltet. Zum Problemkreis „Sensoren" heißt es darin: „Elemente der Prothetik müssen notwendigerweise bionisch ausgeformt, d. h. im Hin-

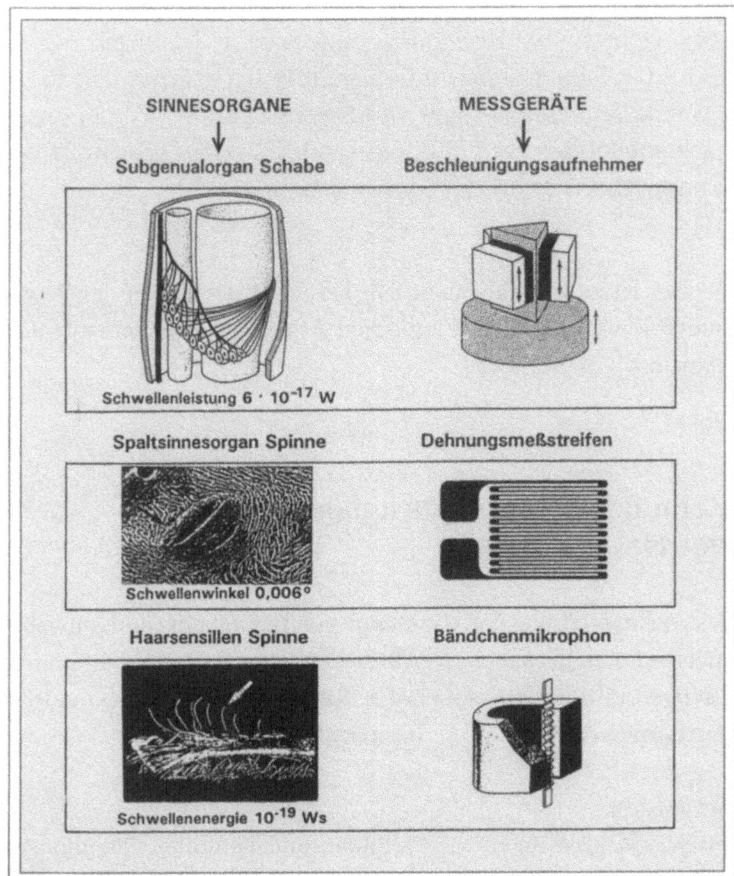

Abb.46:
Drei Beispiele für analoge biologische und technische Sensoren

blick auf ihren zukünftigen Benutzer im Sinne einer optimierten 'Mensch-Maschine-Interaktion' optimiert sein".

Robotik kann sich nicht nur an Greif- und Bewegungsmechanismen im Tierreich orientieren, sondern gerade auch an denjenigen natürlichen Verfahren, über die solche Bewegungsmechanismen gesteuert und geregelt werden. In dem genannten Berichtband heißt es weiter:

Bionik auf dem Gebiet der Prothetik zu betreiben, sollte für die Orthopädie eine Selbstverständlichkeit sein. Die heute üblichen Prothesen, z.B. für Hüftgelenk- oder Oberschenkelhalsoperationen, beweisen jedoch eindrucksvoll das Gegenteil.

In Verbindung mit der Sensorbionik könnte die bionische Robotik für die Fertigungstechnik, insbesondere die flexible Montage, verbesserte taktile Fähigkeiten und effizientere Greifarme und Gelenke bereitstellen. Der Entwurf von Fortbewegungsinstrumenten für Roboter, insbesondere auf unebenen oder hindernisreichem Gelände, könnte ebenso von der Bionik profitieren".

Der letzte Gesichtspunkt fällt bereits in das Gebiet der Bewegungsbionik oder der „bionischen Aspekte von Kinematik und Dynamik".

Kann der Fahrzeugdesigner von der Natur lernen?

Die Formgestaltung und das Design von Bewegungs- und Antriebsmechanismen bei Fahrzeugen beziehen sich in neuerer Zeit immer häufiger auf Konstruktionen der Natur, die nun verstärkt auf ihr Anregungspotential für die Technik abgeklopft werden.

Schwimmen
Fische, Meeressäuger wie Delphine und Tümmler, Pinguine, ja selbst Insekten wie Wasserkäfer sind als „Bewegungsmechanismen"

bis ins Detail erforscht worden, und die Ergebnisse haben schon seit Jahren in die Technik hineingewirkt. Es gibt auch sehr frühe Versuche zur Übertragung. So wurde beispielweise im Jahr 1909 ein „künstlicher Lotsenfisch" entwickelt, mit dem man Leinen unter Wasser schleppen konnte.

In neuerer Zeit haben insbesondere Designkonzepte der elastischen Hautstruktur von Delphinen, der Körpergestalt schwimmender Pinguine und des Flossenantriebs von Fischen ihren Weg auf die Reißbretter der Konstrukteure gefunden.

Die künstliche Delphinhaut
Bereits in den 30er Jahren hat der englische Bewegungsphysiologe J. Gray herausgefunden, daß die Delphine viel schneller schwimmen, als sie aufgrund ihrer Muskelmasse „eigentlich dürften". Diese Diskrepanz ist als „Gray-Paradoxon" in die Literatur eingegangen *(s. Farbtafeln 1–16)*. Eine Lösung des „Gray-Paradoxons" hat der deutsche Strömungsmechaniker O.Kramer angeboten. Als Peenmünde-Raketenforscher gelangte er nach dem Krieg mit einem Transportschiff nach Amerika und war fasziniert davon, wie mühelos Delphine den schnellschwimmenden Dampfer überholen und um ihn herumspielen konnten. Er beschloß, sich einmal das Design der Delphinhaut genauer anzuschauen.

Beim Delphin ist die Unterhaut schwammartig-wässrig gestaltet; Ober- und Unterhaut durchdringen einander mit zahlreichen Leisten und darauf sitzenden Papillen *(Abb. 47 a)*. Es ergibt sich ein System, das einerseits schützt, andererseits in sich verschiebbar ist, wobei sich Verschiebungen und Eindellungen mit einer gewissen Zeitkonstanten wieder ausgleichen. Grenzschichtschwingungen können zu Ablösung, Wirbelentstehung und Widerstandserhöhung führen. Entstehen solche Schwingungen in der wandnahen Wasserschicht, so verschiebt sich die Flüssigkeitsschicht in der Unterhaut, und bei günstiger Phasenlage kann die entstehende Schwingungsaufschaukelung abgedämpft werden.

Kramer hat nun nach dem Vorbild der Natur eine „künstliche Delphinhaut" entwickelt, bestehend aus genoppten Gummimembranen und einer viskösen Dämpfungsflüssigkeit, die in den Noppenzwischenräumen zirkulieren kann: technisch-analoge Umsetzung eines natürlichen Vorbilds.

     Grundaspekte bionischen Designs – detailliert

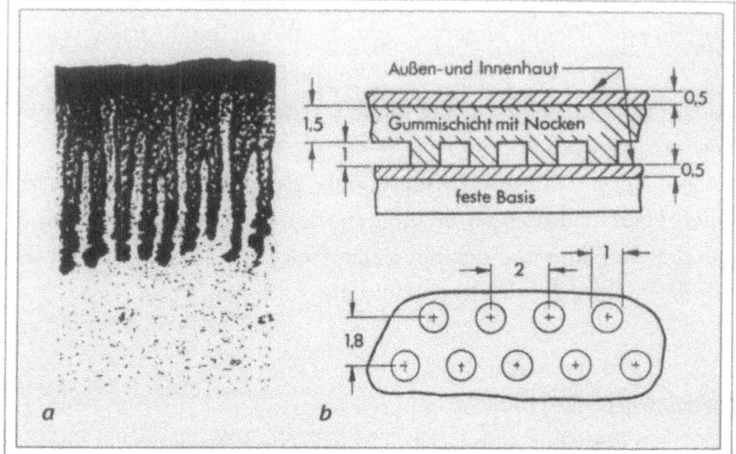

Abb.47 a+b:
a) Prinzipieller Bau der Delphinhaut
b) „künstliche Delphinhaut"
(Maße in Millimeter)

Durch Messungen an Widerstandskörpern, die er hinter einem Motorboot unter Wasser nachschleppte, konnte der Autor zeigen, daß der Oberflächenwiderstand dramatisch zurückgeht, wenn man den Schleppkörper mit einer solchen Haut umkleidet. Im Idealfall würde ein solcher elastischer Körper nur etwa 10 % des Widerstands erzeugen verglichen mit einem „technisch starren". Das wäre die Lösung des Gray-Paradoxons: Der Delphin schwimmt nicht deshalb so schnell, weil er so viel Muskelkraft einsetzt, sondern weil er so wenig Widerstand erzeugt! Eine elegantere Lösung zweifellos als die Erhöhung der „Motorenleistung".

Die genannten Messungen sind nicht unwidersprochen geblieben. Amerikanische wie russische Atom-U-Boote sollen aber mit solchen Spezialhäuten umkleidet sein.

Bionikdesign sollte sicher nicht deshalb gemacht werden, damit man militärisch erfolgreicher ist. Es kann aber auch für diesen Zweck eingesetzt werden, wie alle Überlegungen und Konstruktionen, die in den Gehirnen der Menschen entstehen.

Schlagflossenantrieb

Tretboote bevölkern als Sportgeräte die Uferregionen unserer Seen. Sie arbeiten mit einem einfachen, aber hydromechanisch sehr uneffizienten Schaufelradantrieb. Dieser erzeugt eine große Wirbelschleppe, wühlt den Schlamm des Flachgewässers auf und ist damit ökologisch schädlich (Fischbrut, Schilfbestand).

Ein Alternativdesign wäre der Antrieb eines solchen Tretboots mittels einer horizontal oder vertikal schwingenden Schlagflosse. Horizontal ausgerichtet ist die entsprechende Flosse der Wale, vertikal beispielsweise die der Forellen, die wir in unserem Saarbrücker Bioniklabor sehr ausführlich studiert haben *(Farbtafel 6)*. Zur Optimierung haben wir Schub- und Wirkungsgradmessungen im Wasserkanal durchgeführt. Die *Abb. 48* zeigt einige Meßkurven als Beispiel dafür, daß bionisches Design aufwendig und langwierig sein kann.

Verständlicherweise ist der Schub eines solchen Flossenantriebs jeweils beim Nulldurchgang einer Halbschwingung maximal; entsprechend unregelmäßig ist auch die Leistungsverteilung. Letzteres macht wenig aus, aber der Benutzer möchte nicht bei jeder Kurbelschwingung des Tretbootantriebs zweimal hin- und hergeschüttelt werden. Der Antrieb ist also auf eine möglichst homogene Schubverteilung hin zu entwickeln. Dies kann man z.B. mit elastischen Flossen versuchen, die sich selbständig optimieren. Wie die *Abb. 48* zeigt, sind die Schubgraphen (Kurve 3) schon relativ homogen ausgeglichen, doch werden sie noch weiter auszugleichen sein.

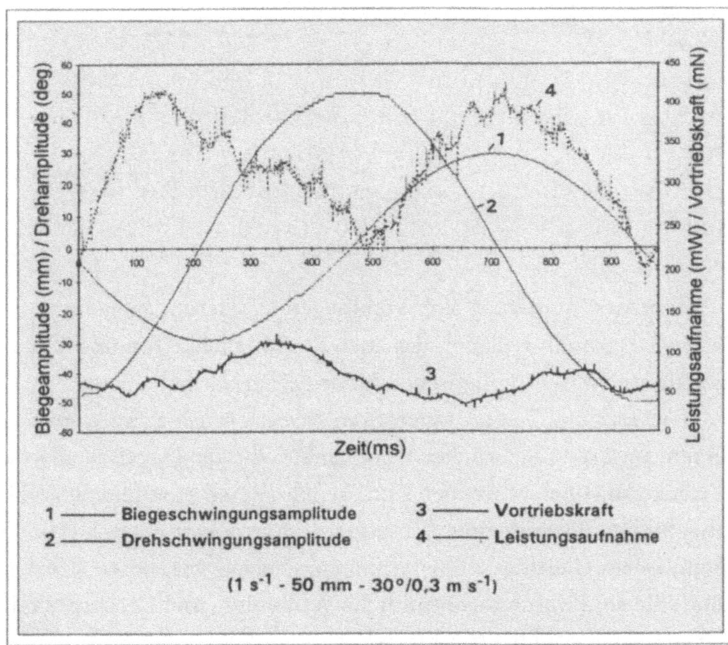

Abb.48: Meßgraphen für das Modell einer Tretbootflosse *(Erläuterungen s.Text)*

Ein anderer Weg, den z. B. eine Gruppe um Prof. Wüstenberg in Kaiserslautern gegangen ist, führt an dem einen oder anderen Punkt weg vom „Vorbild Fisch". Man kann die Schubverteilung homogener gestalten, wenn zwei Flossen gegeneinander schwingen. Die Natur treibt mit diesem System freilich kein Tier an. Bionik kann aber in beliebiger Weise eingebracht werden. Sie kann an jeder Stelle einer Entwicklungskette in technologische Eigenständigkeit übergehen und irgendwann zu Entwicklungen führen, denen man ihr bionisches Grundkonzept gar nicht mehr ansieht. Damit kann sich Bionikdesign im Grenzfall auf eine Anregung beschränken. Aber auch das ist wichtig.

Fliegen

Wir wissen heute, daß die Verwirklichung des alten Menschheitstraums, fliegen zu können wie ein Vogel, an einem Antriebsproblem und an einem Materialproblem scheitert oder bis dato gescheitert ist. Um selbstbewegte Schlagflügel anzutreiben, die ihn tragen können, müßte der Mensch eine mindestens fünffach größere mechanische Leistung abgeben können. Materialien, die die starken schlagperiodischen Verformungen auf Dauer aushalten, gibt es noch nicht.

Bionikdesign muß im Einklang mit den physikalischen Gesetzmäßigkeiten stehen, die letztlich nur Spezialformulierungen der allgemeinen Naturgesetze sind. Vergißt man das, so gerät eine Konstruktion rasch zum Hirngespinst. Für den Fall des „Flugmenschen" war der Mißerfolg also vorprogrammiert.

Trotzdem kann man aber von fliegenden Tieren ungeheuer viel lernen. Dazu ein Beispiel, das auch die Möglichkeiten und Grenzen der technisch-biologischen Übertragbarkeit beleuchtet.

Die *Farbtafel 7* zeigt einen Star, *Sturnus vulgaris*. Er gleitet in einem unserer Saarbrücker Windkanäle, die für biophysikalische Zwecke konstruiert worden sind. In *Abb. 49* sind zwei Flügelprofile abgebildet, die mit einer stereophotogrammetrischen Methode beim freien Gleitflug völlig berührungsfrei aufgenommen worden sind. Sie sind durch eigentümliche Wölbungs- und Dickenverteilungen sowie Stufen charakterisiert.

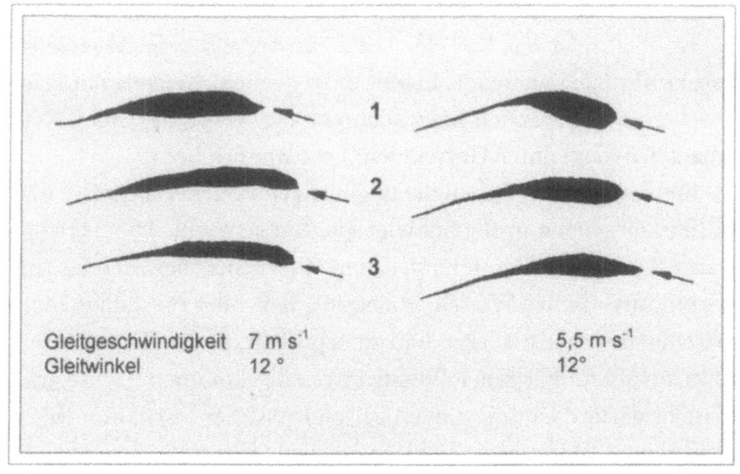

Es wäre nun völlig verfehlt anzunehmen, man könne mit solchen Profilen Flugzeugflügel bauen. Ein wichtiger Aspekt liegt in der Unähnlichkeit der Reynolds-Zahlen. Der Star gleitet bei sehr viel kleineren Reynolds-Zahlen als ein großes Segelflugzeug oder gar ein Motorflugzeug. Begibt man sich aber auf technische Gebiete, die von Haus aus mit kleineren Reynolds-Zahlen arbeiten – so etwa die Blätter konventioneller, aber leider laut sirrender und schlecht fördernder Kleinlüfter – so bietet sich schon eher eine Chance, Tricks des Vogelflügels im technischen Bereich anzuwenden *(Anm. 12)*. Es lohnt sich deshalb, die aerodynamischen Charakteristika genauer unter die Lupe zu nehmen, z. B. auch zu erforschen, welche fluidmechanische Bedeutung diese „Stufen" haben können *(Anm. 12)*.

In noch größerem Maße gilt dies für Insektenflügel. Wir untersuchen z.Z. Insektenflügel mit ihrer Zick-Zack- und Faltstruktur in Windkanälen und finden interessante statische Gegebenheiten sowie strömungsmechanische Effekte wie stationäre Wirbel und ähnliches. Diese werden mit Sicherheit bei geeigneten technischen Aspekten zum Tragen kommen (Kesel et al. 1995 u a.).

Wieder zeigt sich: Bionikdesign muß im Einklang mit den physikalischen Gesetzen stehen, hier mit den Ähnlichkeitsgesetzen der Strömungsmechanik. Ansonsten wird es rasch unfunktionell.

Laufen

Nicht überall ist das Rad der technisch angemessene Vortriebsapparat für Landfahrzeuge. In sehr unwegsamem Gelände mit Felsbrocken, querliegenden Baumstämmen etc. versagt es. Auch Kettenantrieb kann unter Umständen nicht weiterführen.

Im Vietnamkrieg haben die ungünstigen Bodenverhältnisse den Militärfahrzeugen große Schwierigkeiten gemacht. Die Antwort waren verstärkte Bemühungen der amerikanischen Armee (im Locomotive-Center, Warren, Michigan), vier- oder zweifüßige Laufmaschinen zu konstruieren und zu erproben. In der Zwischenzeit ist man vom militärischen Einsatz etwas abgekommen. Heute geht es mehr darum, Laufmaschinen beispielweise zur Inspektion enger Höhlungen, verstrahlter Gebiete oder zur Kontrolle von Abwasserröhren zu bauen. Konstruktionszentren finden sich v. a. in Amerika und Japan. Aber auch bei uns gibt es Ansätze. Eine interessante Lösungsmöglichkeit ist der Zusammenarbeit von Biologen um H. Cruse, Bielefeld, und Maschinenbauern um F. Pfeiffer, München, zu danken (*Farbtafel 8*; Pfeiffer u. Cruse 1994).

Für die praktische Konstruktion waren v. a. auch Probleme des Steuerns und Regelns der sechs Beine zu lösen. Gerade für Letzteres konnten die biologischen Regelwerke, wie sie die Stabheuschrecke *Carausius morosus* besitzt, wesentliche Anregungen geben. Damit haben sich Bionikdesign im Bereich der Lokomotonsantriebe und ein entsprechendes Design im Bereich der Neurophysiologie bzw. Neurobionik überschnitten.

Maschinenbaulich waren vor allem 3 Gesichtspunkte zu bedenken:

— Die Geometrie der Beine sollte dafür sorgen, daß die Biegebelastung während des Laufens möglichst klein gehalten wird.
— Die Geometrie der Achsen durfte nicht kartesisch sein (aufeinander senkrecht stehende Achsen), sondern wurde der *Carausius*-Geometrie nachempfunden.
— Beim Insekt ist das Verhältnis zwischen Nutzlast und Eigengewicht sehr hoch; im technischen Bereich waren große Anstrengungen nötig, um immerhin ein Tragkraft-Eigengewichtsverhältnis von 6:1 zu erhalten.

Wieder ist zu erkennen: Eine direkte Übertragung von der Biologie in die Technik ist nicht möglich. Die Natur bietet also, wie ich das gerne sage, „keine Blaupausen für die Technik". Bionikdesign

mündet vielmehr sehr rasch in eigenständiges Konstruieren *lege artis*
der Ingenieurswissenschaften ein.

Freilich kann die Natur den Ingenieur fordern, bisweilen aufs
Äußerste.

Naturprinzipien des Steuerns und Regelns als Designkonzept
Betrachtet man das ebengenannte Beispiel „Insektenlaufmaschine"
(Abb. 50) unter dem Gesichtspunkt des Steuerns und Regelns weiter,
so läßt sich rasch erkennen: Oft sind es nicht so sehr die Bau- und
Formprinzipien der Natur, die so unverwechselbar und eigenständig
wirken. Bei näherem Betrachten findet man sehr häufig, daß gerade
die höchst spezielle – und vielfach äußerst umfangreiche und komplexe – Art des Steuerns und Regelns Lebewesen so erfolgreich
machen. Ein Beispiel ist die Küchenschabe.

Schaben gibt es seit etwa vierhundert Jahrmillionen. Ihr Erfolg
liegt auch, aber nicht ausschließlich und vielleicht noch nicht einmal so sehr, in ihrer mechanischen Konstruktion als „Biomaschine".
Die Evolution hat vielmehr von Anfang an auf ein völlig anderes
Pferd gesetzt: Schaben sind sozusagen „vollgestopft mit Elektronik".
Sie haben Erschütterungssensoren, die zu den empfindlichsten im
ganzen Tierreich gehören (vergl. *Abb. 46*, S. 87) und merken somit
jeden noch so leise daherkommenden Feind. Die Datenverrechnung
und Bewegungssteuerung ist so hochentwickelt, daß sie bereits beim
geringsten Lufthauch davonstieben – mit Geschwindigkeiten von
bis zu 1 m/s: Schaben gehören damit zu den schnellsten Läufern im
Insektenreich.

Entsprechend haben die Konstrukteure von Laufmaschinen
lernen müssen, daß das Geheimnis des Erfolgs in einem schnellen,
hochkomplexen und sich „gegenseitig informierenden" Steuer- und
Regelsystem für jedes der sechs Laufbeine besteht. Ausgehend vom
Vorbild „Biomaschine Stabheuschrecke" haben sich die Ingenieure
eine dreischichtige Reglerstruktur überlegt *(Abb. 51)*. Die *oberste
Ebene*, die der Beinkoordination, funktioniert nach dem biologischen Vorbild. Die Stabheuschrecke besitzt offenbar keinen „zentralen Regler", der in jedem Moment jedem Bein genau sagt, was
es zu tun hat. Vielmehr arbeitet jedes Bein – angeregt von einem
zentralen Koordinator – relativ selbstständig. Dabei tauscht es aber
in jedem Moment Informationen mit allen anderen Beinen aus.
Somit wird nicht die Bewegung des Einzelbeins optimiert, sondern

Sechsbeinige
Laufmaschine –
eine Art „künst
liches Insekt

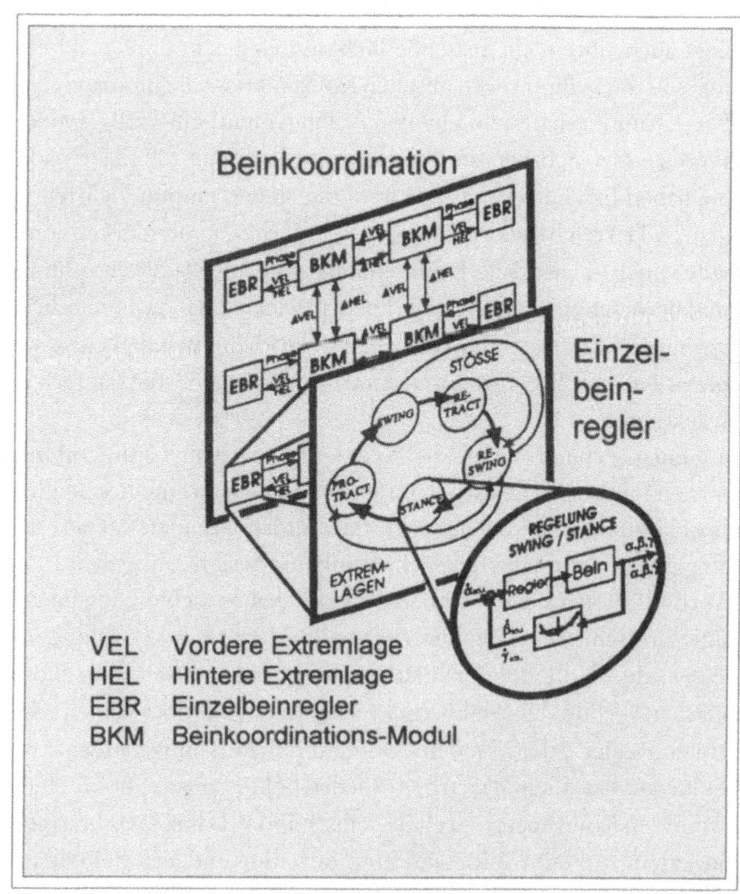

Reglerprinzip-
struktur der
„künstlichen Stab-
heuschrecke"

die der gesamten sechsbeinigen Laufmaschine. Das ist ja auch das eigentlich Wesentliche (vergl. Prinzip 2, S. 23).

Einen der wichtigsten Effekte stellt in diesem Zusammenhang das erstaunlich robuste Störungsverhalten dar. Ein Steinchen könnte zwar ein Bein aus dem Gleichgewicht bringen, nicht aber das stabile Laufverhalten des Gesamtsystems.

Für die *mittlere Regelungsebene* sind sechs Einzelregler vorgesehen, für jedes Bein einer. Diese kümmern sich um die optimale Interaktion „ihres" Beins mit der Umwelt (z. B. Anstoßen, Ausrutschen etc.).

In der *unteren Reglerebene* schließlich sind PID-Gelenkregler vorgesehen (die komplexesten technischen Regler: Proportional-Integral-Differential-Regler), die die Winkel der beiden äußeren, langgestreckten Beinglieder jeweils so ansteuern, daß sie mit den Schwenkbewegungen des Beines gut harmonieren.

Die gesamte Sensorik, die dem dreischichtigen Reglersystem Informationen zuleitet, besteht im technischen Modell aus nicht weniger als 18 Winkelgebern, 18 Tachygeneratoren, 6 Dehnungsmeßstreifen, 6 Kontaktsensoren; die Reglerelektronik umfaßt 6 identische Mikrokontroller. Dazu kommt die Leistungselektronik für die 18 nötigen Motoren (je 3 für jedes Bein). Die Beinrechner sind parallel angeordnet *(Abb. 52)*.

Die Evolution hat das Insekt „mit Elektronik vollgestopft". Will sie erfolgreich sein, muß auch die Technik diesen Weg beschreiten: keine Angst also vor Schaltungskomplexitäten!

Ähnliche Erfahrungen haben die Konstrukteure vierfüßiger Laufmaschinen gemacht. Bereits in den 60er Jahren hatte man solche Maschinen von Autogröße entwickelt.

Kann Naturdesign einen Weg aus der Energiemisere weisen?

Das Prinzip 5 der „zehn Gebote bionischen Designs" (S. 26) hatte gelautet: Energieeinsparung statt Energieverschleuderung.

Lebewesen befinden sich, von wenigen Ausnahmen abgesehen (z. B. ein Bandwurm im Nahrungsbrei) stets in einem Energiedilemma. Ihre Hauptoptimierungsstrategie muß deshalb lauten: Energieeinsparen an allen nur vorstellbaren Ecken und Enden,

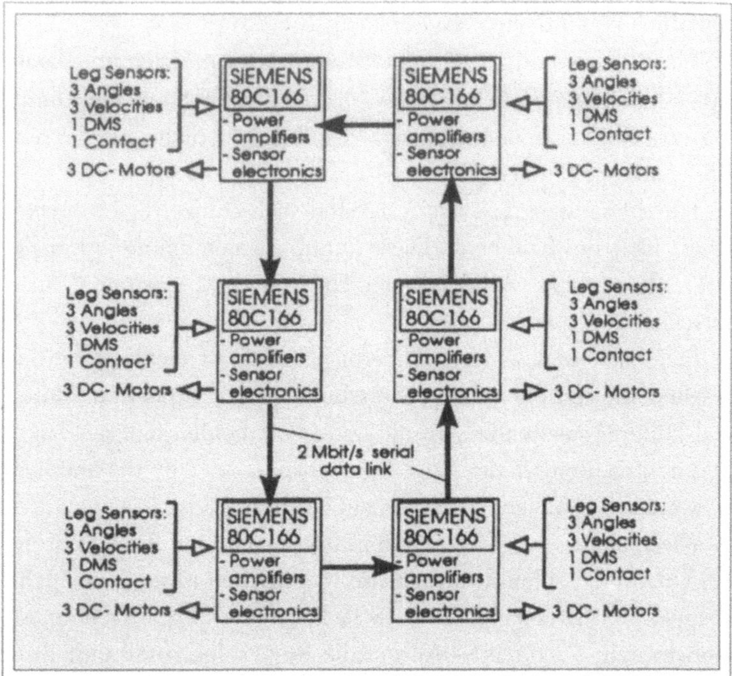

Abb.52:
Parallelanordnung der Beinrechner für die „künstliche Stabheuschrecke"

damit der Organismus nicht das Gesamtenergiebudget überschreitet, das ihm während seiner Lebenszeit zur Verfügung steht.

Die Lehre für uns – der Zeigefinger kann nicht genügend hoch gehoben werden – ist: Präzise dasselbe gilt für den Menschen und seine Technologie!

Wir haben uns daran gewöhnt, daß Energie zu jeder Zeit in beliebiger Menge zur Verfügung steht („Strom kommt aus der Steckdose"). Das wird sich dramatisch ändern. Eine aufs Äußerste getriebene Energieeinsparung ist tatsächlich eine der wichtigsten Lehren, die uns die Natur geben kann. Ein nicht ausgegebenes Kilojoule ist soviel wert wie ein eingenommenes. Freilich wird eine gewisse Energiemenge – vielleicht ein Drittel von dem, was wir z. Z. brauchen, vielleicht auch weniger – für den Erhalt einer technischen Zivilsation unabdingbar sein. Woher soll diese Energiemenge kommen, wenn die fossilen Rohstoffe erschöpft sind?

Die Bionik kann dazu z. Z. genausowenige Antworten geben wie noch so intensives Nachdenken im rein technischen Bereich. Sie kann aber den Blick dafür schärfen, das Interesse auch auf scheinbar skurrile oder absonderliche Naturverfahren zu lenken und diese genau zu erforschen und auf Übertragbarkeiten abzuklopfen.

Skurril ist nichts in der Natur, es erscheint dem Menschen nur manchmal so. Eine „interne Wasserstofftechnologie" – schwer vorstellbar für den Techniker – ist z. B. seit jeher Bestandteil der Photosynthese (S. 29–31).

Photosynthetische Wasserstofftechnologie
Die Grundgesichtspunkte seien nochmals aufgeführt: Es gibt eine detaillierte Analogie zwischen der Photosynthese mit ihrer intermediären Wasserstoffproduktion und dem photovoltaischen Effekt, den man zur elektrolytischen Zersetzung von Wasser in Wasserstoff und Sauerstoff benutzen kann. Die Photosynthese führt unter Vermittlung geeigneter Rezeptormolekükle zu einer Wasserspaltung („Photolyse"). Der photovoltaische Effekt erzeugt unter Nutzung der Sonnenenergie mit Solarzellen über einen Außenwiderstand einen elektrischen Strom, den man ebenfalls zur Wasserspaltung verwenden könnte.

Neuerdings gibt es Hinweise darauf, daß es auch im Tierreich so etwas ähnliches wie einen photovoltaischen Effekt gibt.

Gibt es „photovoltaische Zellen" in der belebten Welt?
An der orientalischen Hornisse, *Vespa orientalis*, fand der isralische Forscher J. Ishay von der Universität Tel Aviv eine eigentümliche Art der Energietransformation, die man vielleicht mit dem Schlagwort „Biosolarzellen" charakterisierten kann. Die Hornisse arbeitet natürlich nicht mit den technisch üblichen anorganischen Halbleiterzellen (meist Siliziumbasis), sondern mit organischen Halbleiterkristallen.

Von zwei Stellen der Bauchsegmente wurden elektrische Spannungen abgeleitet *(Abb. 53 a)*. Belichtet man nun die Kutikula mit Lichtpulsen von einigen Sekunden Dauer (der Beginn dieser Lichtpulse ist in *Abb. 53 b* mit Dreieckssymbolen angegeben), so resultiert ein meßbarer Spannungsanstieg, der allerdings bei wiederholter Reizung zurückgeht.

Vieles ist in diesem Zusammenhang noch unklar, doch scheint die Hornisse diese elektrische Spannung zu benutzen, um Wärme zu erzeugen. Außerdem scheint sie auch eine Art Speicherungssystem zu besitzen.

Grundaspekte bionischen Designs – detailliert

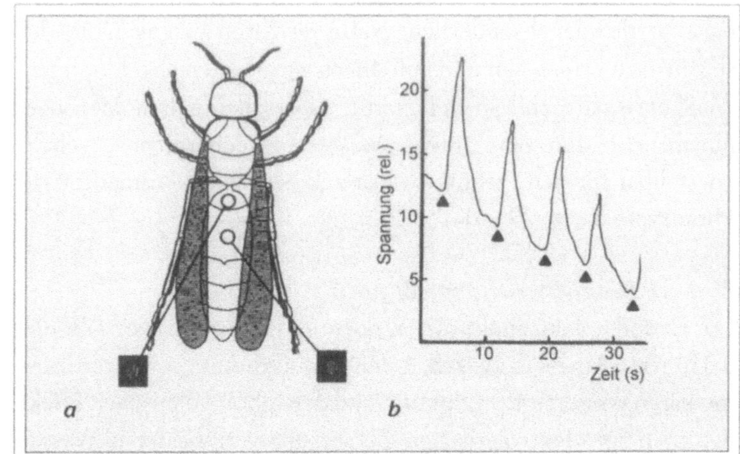

Die Grätzel-Zelle – eine biobasierte Solarzelle hohen Wirkungsgrads
Herkömmliche Siliziumzellen haben Wirkungsgrade von etwa 14 %. Das Blatt dagegen weist einen photosynthetischen Teilwirkungsgrad (Lichtreaktion) von knapp 40 % auf. Der Chemiker M. Grätzel hat biobasierte Solarzellen entwickelt, deren Wirkungsgrad er von ursprünglich 7 % auf beeindruckende 30 % steigern konnte.

Die Grätzel-Zelle ist wie eine Batterie aufgebaut. Organische Moleküle (Farbstoff „Grünton") fangen das Sonnenlicht auf. Es wird also nicht mit dem „Originalmolekül Chlorophyll" gearbeitet, sondern mit einem synthetischen Pigment. Dieses ist mit einer Titandioxidschicht unterlegt. Durch die Energieübertragung aus dem Sonnenlicht werden Elektronen aus der Grüntonschicht an die TiO_2-Schicht abgegeben und von dort weiter zu einer Zinkelektrode geleitet *(Abb. 54)*. Diese Grätzel-Zelle ist durchscheinend (wie ein pflanzliches Blatt). Sie arbeitet auch bei diffusem Licht, wenn der Himmel also bedeckt ist. Für ihren Bau wird nicht das energetisch aufwendige Silizium benötigt; damit ist sie auch sehr billig. Die Grätzel-Zelle – und entsprechende Entwicklungen in anderen Labors (z. B. in sehr eigenständiger Weise bei Wöhrle in Bremen und auch bei Dürr in Saarbrücken) – befindet sich z. Z. im Versuchsstadium. Vielleicht wird man eines Tages leicht grünliche Fenster haben, die gleichzeitig als Sonnenkollektoren für einen photovoltaischen Effekt wirken.

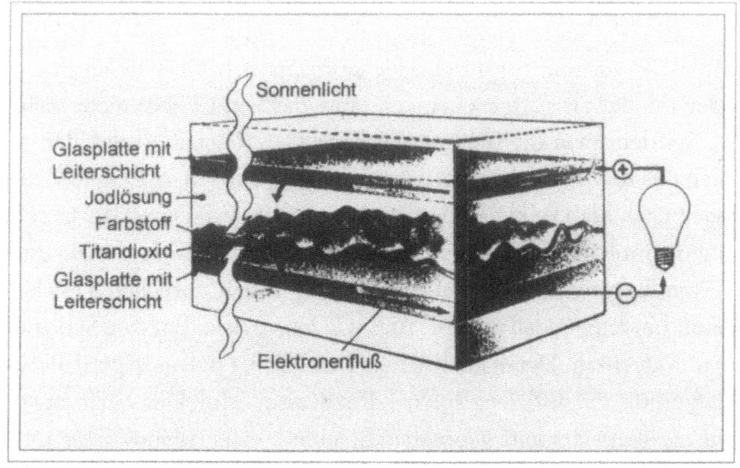

Abb.54:
Schema des Prinzips der Grätzel-Zelle

Wasserstoffproduktion in einer Algenzucht

Einen interessanten Ansatz zur Wasserstoffproduktion hat I. Rechenberg gegeben (Rechenberg 1994). Er liefert bereits Solarwasserstoff, allerdings erst im kleinen Modellmaßstab. Die Weiterentwicklung muß zeigen, ob seine Idee technische oder gar großtechnische Bedeutung erlangen kann.

Normalerweise wird der an eine Trägerstruktur gebundene Wasserstoff in der Photosynthese nicht direkt frei. Wenn man allerdings bestimmte Purpurbakterien *(Rhodopseudomonas capsulata)* unter CO_2- und O_2-Mangel hält, kann der „solar erzeugte" Wasserstoff auch molekular freigesetzt werden. Allerdings brauchen die Algen dafür eine Art Nährsubstanz. Man kann der Lösung z.B. Zuckerwasser zusetzen: keine sehr elegante Lösung. Den gleichen Effekt erhält man aber aus Mischkulturen z.B. der genannten Bakterien und photosynthetisierenden Grünalgen (z.B. der Art *Chlamydomonas mexicana*). Nährstoff (Zucker), den die Grünalge photosynthetisch produziert, nutzt das Purpurbakterium für eine – ebenfalls photoreaktive – Wasserstoffproduktion: ein im Prinzip eleganter, gekoppelter Prozeß. Vielleicht kann man auf dieser Basis eines Tages große Bioreaktoren bauen, die technologisch nutzbaren Wasserstoff liefern.

Es gibt also durchaus eine Reihe interessanter Bionikdesignkonzepte, die in der Zukunft eine gewisse, vielleicht sogar wesentliche Bedeutung im Energiesektor gewinnen könnten.

Molekulares Design

Moleküle, seien sie organisch oder anorganisch, hat man bislang mehr oder minder als gottgegeben genommen. Dem ist aber nicht mehr so. Seitdem man die Bindungsverhältnisse zwischen Molekülen in allen Details durchschaut hat, ist man darangegangen, Moleküle sozusagen nach Maß zu konfigurieren. Man kann mit Fug und Recht von einem „molekularen Design", in Bezug auf physiologisch wirksame Verbindungen neudeutsch auch von „drug design" sprechen. Dies hat damit begonnen, daß man die Art, wie biologische Enzyme Substrate umsetzen, im Detail hat lösen können. Es hat sich gezeigt, daß das Geheimnis der Effizienz solcher Katalysator-Moleküle darin liegt, wie sie sich einerseits geometrisch, andererseits ladungsmäßig und damit energetisch in ein Substratmolekül sozusagen einnischen. Auch hier kommt es in erster Linie auf funktionelle Formeinpassung an, und damit hat auch hierbei der Designbegriff seine Gültigkeit.

Wenn man also die „Nische" in einem Substratmolekül genau kennt, in das sich ein katalytisch wirkendes Molekül einpassen muß, kann man das letztere maßschneidern. Man erhält damit im Idealfall ein System, das in der Zeiteinheit besonders viele Substratmoleküle umsetzt, also eine besonders hohe katalytische Effizienz aufweist. Und das bei Raumtemperatur, bei der eine chemische Reaktion sonst nur unmeßbar langsam stattfinden würde. Im „drug design" kann man so die Wirkung der physiologisch aktiven Substanz dramatisch steigern, und darin liegt die besondere Bedeutung dieser Art von Design. Die modernen bildgebenden Computerverfahren, mit deren Hilfe man Moleküle sowohl zusammensetzen als auch von allen Seiten betrachten und somit geometrisch abschätzen kann, waren dafür Voraussetzung. Durch besonders feines „funktionelles Design" (molekulares Einpassen) kann man auch vorkommende Enzymmoleküle für einen besonderen Umsetzungszweck noch verbessern, also den derzeitigen Stand der natürlichen Evolution durch „zivilisatorische" oder technisch-tradierte Evolution überflügeln. Dies läßt sich an Enzymen des Stoffwechsels zeigen. Es ist gelungen, durch molekulare Veränderungen des ursprünglichen biologischen Moleküls die Umsetzungsrate um mehr als das Hundertfache zu steigern.

Dieser Gesichtspunkt des „analogen Ersetzens" biologischer Moleküle wurde schon am Beispiel der Photosynthese angesprochen. Es kommt nicht darauf an, für einen bestimmten – technischen, physiologischen – Zweck ein „natürliches Molekül" zu verwenden. Das wäre ja auch eine Art Naturkopie und es entspräche damit nicht eigentlich dem Bionik-Gedanken. Es handelt sich vielmehr darum, ein für den angepeilten Zweck speziell geeignetes Molekül „künstlich" zu entwickeln, ausgehend zwar von dem natürlichen Vorbild, aber doch „chemisch-eigenständig" konzipiert. Für die künstliche Photosynthese muß nicht das natürliche Chlorophyll-Molekül das bestgeeignete sein. (Es ist nicht sonderlich alterungsbeständig, thermolabil und so weiter.) Idealer ist zweifellos ein Molekül, daß zwar die prinzipiell gleiche Rolle im Photosyntheseprozeß spielt, aber ohne die Nachteile des natürlichen Vorbilds.

Auch Biomedizinische Technik bewegt sich auf das Niveau biologischer Moleküle zu

Eines der vornehmsten Forschungsfelder, die biologisches Wissen in die Technik übertragen, ist die biomedizinische Technik, und zwar deshalb, weil sie dem Kranken und Behinderten direkt zugute kommt. Kann es für einen Forscher Beglückenderes geben?

Biomedizinische Technik geht vom Menschen aus und führt zum Menschen zurück; sie bezieht aber auf diesem Weg alle nur denkbaren Anregungen ein, auch solche aus dem Bereich der übrigen belebten Welt. Viele Aspekte, die unter diesen Schwerpunkt fallen, erscheinen uns heute selbstverständlich: künstliche Hüftgelenke korrodieren kaum mehr, Hörgeräte sind störungsarm geworden etc.

Weniger bekannt ist, daß sich die biomedizinische Technik vielfach mit Riesenschritten zum molekularen Niveau hin bewegt. Wundern sollte das einen nicht, denn auch die Natur baut „technische Gebilde" aus einzelnen oder einigen wenigen Eiweißmolekülen – z. B. „Kugellager": Sie finden Anwendung beim kleinsten Motor der Welt, dem Antrieb der Bakteriengeißel. Daneben versucht man z. B. auch, Interaktionseffekte zu verstehen, so die von Lichtstrahlen und Molekülen. Es gibt viele Möglichkeiten, molekulare Mechanismen zu studieren und umzusetzen. Dazu ein Beispiel.

Zu den Grundbestandteilen für den Aufbau und das Funktionieren von Organismen gehören Proteine. Diese sind chemisch sehr gut, physikalisch aber kaum untersucht. Man weiß z. B., daß sie Halbleiterverhalten zeigen können.

Das Keratin, ein Protein, das unsere Haare aufbaut, kann als „Photon-Photon-Mikrotransducer" wirken. Belichtet man das Haar unter bestimmten Randbedingungen, so ändert sich die Proteinkonfiguration, und als Folge legen sich die schuppenartig abgespreizten Elemente der Haaroberfläche wieder an: Das Haar wird glatt, und es kommt zu einer andersartigen Reflexion, wie U. Warnke festgestellt hat (Warnke 1993; *Abb. 55*). Submikroskopische molekulare Effekte bewirken also makroskopische Änderungen im Erscheinungsbild. Bestrahlt man einen Punkt des Haares, so sind die beschriebenen Effekte überraschenderweise noch 6 cm davon entfernt meßbar. Das kann nur der Fall sein, wenn man von einer Photonenübertragung innerhalb der Haarstrukturen ausgeht und annimmt, daß es bei Energieübergängen Verstärkungseffekte gibt.

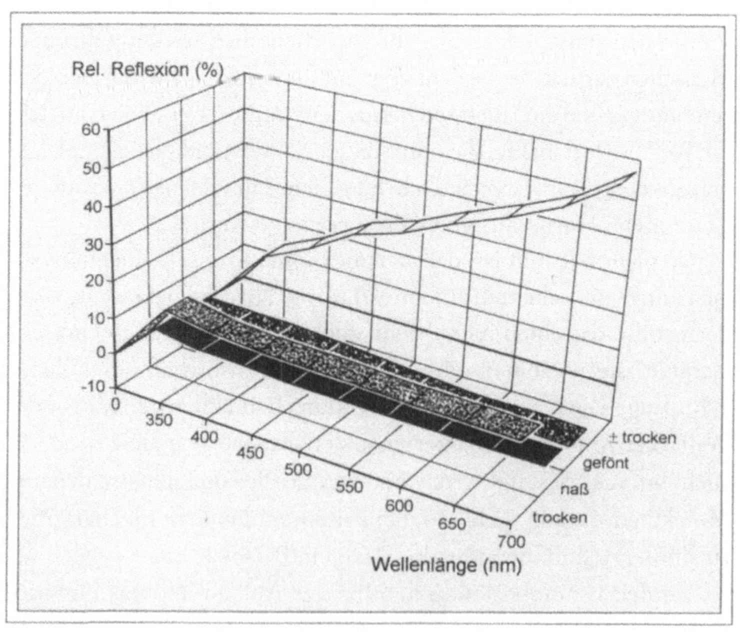

Abb. 55:
Abhängigkeit der relativen Reflexion von mit Licht vorbehandeltem Haar (hellblond) von der Wellenlänge einer Laserbestrahlung

9

Selbst die Prinzipien der biologischen Evolution und Ontogenese lassen sich mit Gewinn auf die Technik übertragen

Eine der seltsam anmutenden Eigentümlichkeiten der Entwicklung im Bereich der belebten Welt besteht darin, daß die Evolution nicht zielgerichtet arbeitet (Prinzip 10, vgl. S. 33). Ingenieure konnten sich mit dieser Art von „Planung durch Planungslosigkeit" erst anfreunden, als gezeigt wurde – insbesondere durch I. Rechenberg et al. (1973; Anschrift s. Anm. 13) – daß eine „Evolutionsstrategie" zu beachtlichen Erfolgen führen kann. Und das gerade auch dann, wenn zur Entwicklung eines System noch keine genügend gute Theorie existiert, die eine rechnerische Vorhersage ermöglicht.

Evolutionsstrategie:
Lösungen auch ohne Theorien

Vor einiger Zeit hatte sich das Problem gestellt, eine Zweiphasendüse zu optimieren. Schickt man durch eine solche Düse ein Fluidgemisch, das geladene Teilchen enthält, so können diese beim Durchtritt durch eine Spule eine Spannung generieren. Dieser „magnetohydrodynamische Effekt" war als Basis für die Stromgewinnung aus kleinen Kernreakoren im Weltraum diskutiert worden. Eine Düse, durch die ein derart komplexes Fluidgemisch strömt (teils flüssiges, teils dampfförmiges Kalium), konnte man damals mangels Theorie nicht rechnerisch optimieren. H. P. Schwefel hat eine solche Düse *(Abb. 56 oben)* deshalb durch „Versuch und Irrtum" verbessert (Schwefel 1968; Anschrift s. Anm. 14).

Eine ganz normale Lavaldüse *(Abb. 56 oben)* ist in mehr als 20 Sektoren zerschnitten worden, die dann rein zufällig kombiniert wurden. Immer, wenn die Düse im Test einen besseren Wirkungsgrad ergab, wurde die vorliegende Kombination als Ausgangspunkt für weitere Veränderungen genommen, anderenfalls wurde sie verworfen, und man ging auf die vorhergehende Kombination zurück. Über 44 Zwischenstufen kam man schließlich auf eine Optimalform *(Abb. 56 unten)*, deren Wirkungsgrad von 55 % auf fast 80 % (!) gesteigert worden war.

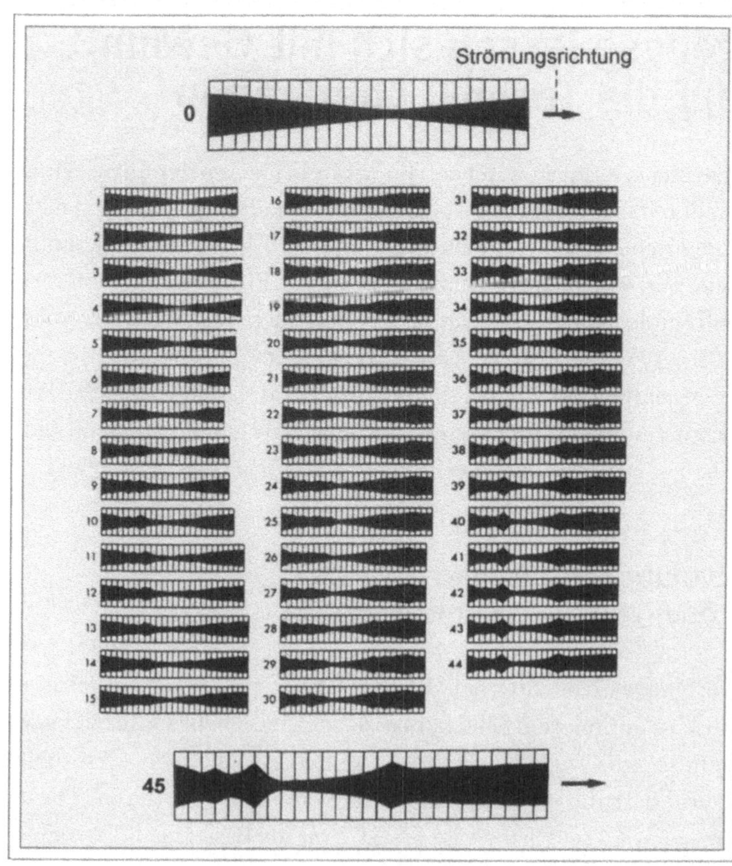

Abb. 56:
Entwicklung einer optimierten Zweiphasendüse *(unten)* aus einer klassischen Lavaldüse *(oben)* über 44 Zwischenstufen nach dem Prinzip der Evolutonsstrategie

Diese Optimalform besitzt zahlreiche Kammern und Engstellen; man hat sie seinerzeit nicht verstanden – das Wichtigste aber war, daß die Strategie zu einem Erfolg geführt hatte. Heute versteht man diese Gestaltung auch theoretisch.

In unseren Tagen ist die Evolutionsstrategie aus den Bereichen der komplexen Mechanik, der Steuer- und Regelungstechnik sowie des Flugzeugbaus nicht mehr wegzudenken. Neue Flugzeugentwürfe läßt man im Computer in kleinen Details immer wieder ändern und neu kombinieren, bis die Evolutionsstrategie ein Optimum gefunden hat. Es ist beeindruckend zu sehen, wie solche Optimalkonstruktionen am Bildschirm eines Computers entstehen. Die Anfangssituation ist immer gleich, die optimierte Endsituation (die ursprünglich nicht vorherzusehen war) ist aus wiederholten Computerrechnungen auch bekannt. Man kann nun verfolgen, wie jeder neue Computerlauf immer zu dieser *einen* Optimalform führt, obwohl jeder Lauf mit anderen Zwischenschritten arbeitet! Der Computer weiß sozusagen nie, was herauskommt; die Suchstrategie findet die Optimalform aber immer wieder – ein schlagender Beweis für ihre Funktionsfähigkeit.

Technisches Bauteiledesign nach dem Vorbild Baum

Überraschend weitreichende Konsequenzen für technisches Gestalten hat das Studium des „natürlichen Designs" von Bäumen gehabt. C. Mattheck, Karlsruhe, befaßt sich intensiv mit diesem Problemkreis (Mattheck 1993; Anschrift s. Anm. 15). Es hat sich dabei u. a. ergeben, daß Bäume die scheinbar unmögliche Konstruktion einer „Kerbe ohne Kerbspannungen" fertigbringen *(Abb. 57).*

Im allgemeinen wird die Technik eine Gabelung nach „einfacher Geometrie" so ausformen, daß sie im Zwickel halbkreisförmig aussieht *(Abb. 57, oben links).* Bäume entsprechen aber einer mehr parabolischen Form *(Abb. 57, oben rechts).*

Vergleicht man die beiden Zwickelregionen durch Übereinanderzeichnung *(Abb. 57, oben Mitte),* so ergibt sich, daß die geometrischen Unterschiede gar nicht so groß sind. Trotzdem sind die Effekte frappierend. Man erkennt das, wenn man die lokalen Kerbspannungen über die abgewickelte Innenfläche der Verzweigung auf-

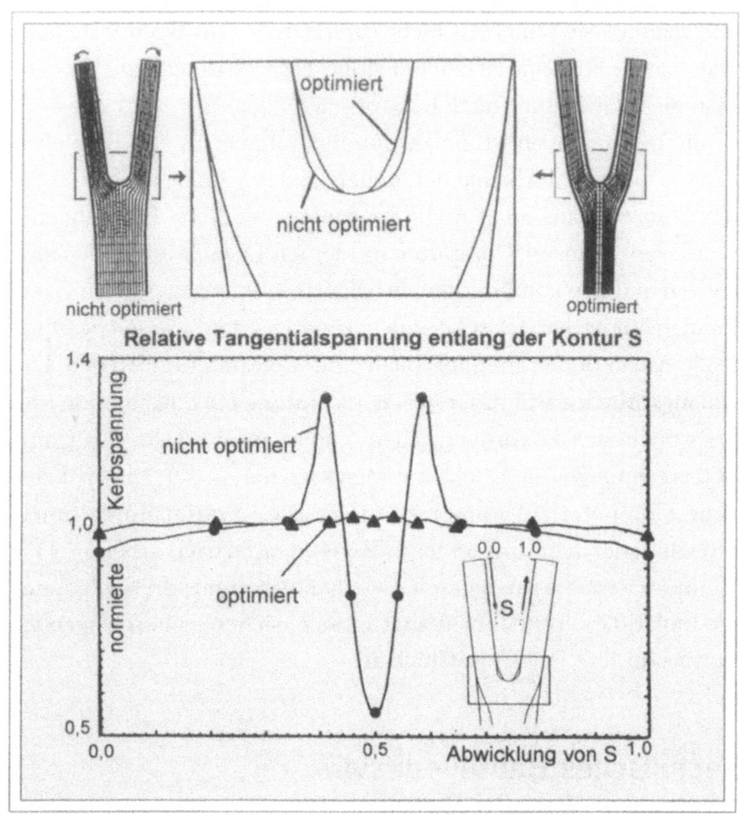

trägt *(Abb. 57 unten)*. Die *nichtoptimierte Form* zeigt in der Mitte ein Spannungsminimum, links und rechts davon je ein beachtlich hohes Spannungsmaximum.

Ganz anders die *optimierte Form*, obwohl die geometrischen Unterschiede nur marginal erscheinen: Die postiven und negativen Spannungsspitzen sind vollständig verschwunden. Über die ganze Kerbe bleibt die relative Spannung in etwa konstant bei dem Durchschnittswert 1,0: eine „Kerbe ohne Kerbspannung"!

Nach Entdeckungen diese Art konnte man das So-Sein von Bäumen sehr viel besser verstehen und einschätzen („Technische Biologie": Einbringen technischen Knowhows zum Verständnis biologischer Konstruktionen).

C. Mattheck hat bei der Umsetzung dessen, was ihn die Baumgestalten gelehrt haben, computerunterstützte Optimierungsverfahren („CAO") entwickelt, nach dem „technische Bauteile im Computer wie Bäume wachsen". Damit konnte man z.B. den Spannungsverlauf in einer Leichtmetallfelge eines Opel-Autos so optimieren, daß sich eine Gewichtsreduktion von nicht weniger als 26% ergab – Felge für Felge verbraucht nun weniger Aluminium, damit weniger Energie zur Herstellung des technischen Materials; sie ist damit letztlich weniger umweltbelastend.

Ein anderes Beispiel: die Entwicklung bruchfester Operationsschrauben. Knochenschrauben sind bisher nicht selten gebrochen, weil die hohen lokalen Belastungen zu nicht mehr abfangbaren Spannungsspitzen an den Konturen der Schraubwindungen geführt haben. Die mit der CAO-Methode optimierte orthopädische Schraube trägt ein nur minimal gerundet erscheinendes Walzprofil *(Abb. 58)*. Nach dieser Änderung kam es zu keinen Schraubenbrüchen mehr: ein gewaltiger Vorteil für die Patienten.

Worin besteht nun das Besondere der Methode, und warum kann man hier auch von einer Art Evolutionsverfahren sprechen?

Im Computer wird das Bauteil so behandelt, als bestünde es aus hocherhitztem und damit bereits leicht „fließendem" Metall. Der Computer addiert nun versuchsweise etwas Material hier und nimmt etwas Material dort fort. Wenn sich dadurch die Spannungsspitzen verkleinern, so daß das Bauteil an dieser Stelle weniger fließt, so ist das gut. Wenn nicht, wird der momentane Ansatz verworfen, und der Computer erzeugt in einer iterativen Schleife

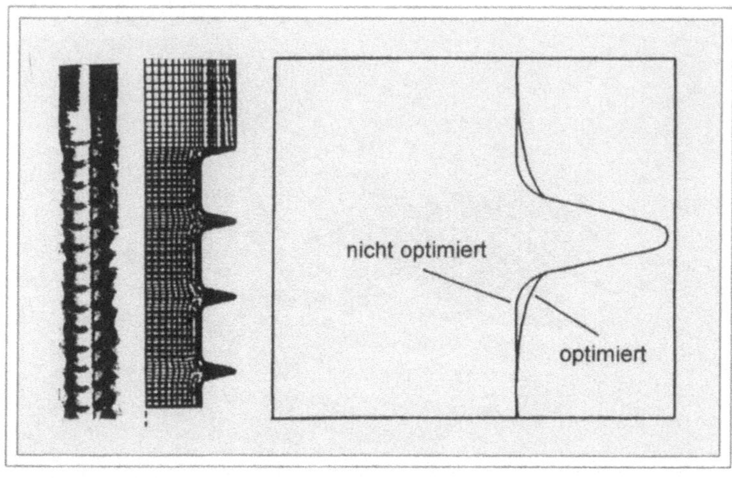

Abb. 58:
Nichtoptimierte und optimierte Knochenoperationsschraube *(vgl. Abb. 50)*

eine weitere Veränderung. Das Spiel läuft so lange ab, bis die Spannungsspitzen möglichst verschwunden sind, und/oder die Struktur mit möglichst wenig Material auskommt *(Farbtafel 9)*.

Bäume gehen nach demselben Prinzip vor, wenn sie Druck- oder Zugholz aufbauen oder abbauen. Sie tun das so lange, bis – möglichst – der gesamte Stamm mit allen seinen Verzweigungen einen „Körper gleichen Widerstands gegen Biegung" darstellt.

Diese Ansätze geben mit bisher über 30 Patenten ein gutes Beispiel, wie „natürliches Design" in die Technik hineinspielen kann. Die eigentümliche Verquickung zwischen natürlichen und technischen Ansätzen bringt also beiden etwas: den Baumspezialisten wie den Konstruktionstechnikern. Auf Grund dieser Querbeziehungen kann man nun auch eine sehr viel detailliertere Schadstoffkunde von Bäumen aufstellen. „Der Baumbruch in Mechanik und Rechtsprechung" heißt denn auch eine Abhandlung, an der der genannte Autor beteiligt ist. Ein Ergebnis zeigt die *Abb. 59*: Trägt man das Verhältnis aus Restwandstärke t und äußerem Stammradius R des Baumes als Funktion dieses Stammradius auf, so ergibt sich klar: Bei relativen Restwandstärken unter 0,3 brechen die Bäume bereits bei geringen ungewöhnlichen Belastungen. Solche Bäume sollte man also vorbeugend fällen, weil sie eine Gefährdung darstellen – Baumschutz hin oder her.

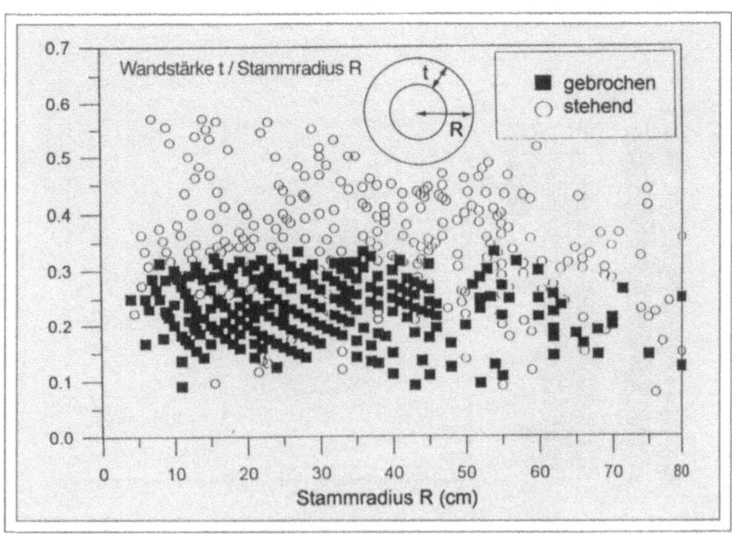

Abb. 59:
„Baumbruch-
diagramm"
(Erläuterung s. Text)

10

Bionikdesign
in Ausbildung und Öffentlichkeit

Im Schulunterricht und in Ausbildungsgängen an Hochschulen
haben all die Facetten, die Bionikdesign ausmachen und die in diesem Buch an Beispielen aufgezeigt worden sind, bereits einen Platz
gefunden. Lernen von der Natur – diese Strategie ist auf dem Weg,
sich in der Gesellschaft zu verankern.

Erfahrungen in der Schule

Die Schüler von heute sind die Ingenieure und Biologen von
morgen. Ich habe immer dafür geworben und tue es auch hier,
Bionikaspekte bereits in die Schule – und dann auch in die Hochschule – miteinzubringen.

Bionikdesign in der Schule – das soll nicht bedeuten, daß man
ein neues Fach einführen muß oder auch nur sollte. Ganz im Gegensatz dazu kann diese Betrachtungsweise helfen, die Fächer stärker
zu integrieren – eine Sichtweise, die heute ja stärker gefordert wird
denn je.

Das Gymnasium Unterhaching hat unter seinem Leiter
H. Durner und mit engagierten Lehrern im Bereich der Fächer
Biologie, Physik und Mathematik 1995 einen Studientag der
11. Klassen („Bionik – Lernen von der Natur") veranstaltet, den
ich mitorganisieren und -gestalten konnte. Hierin wurden sechs

Gründe für ein Einbringen von Bionikdesign in die Schule aufgeführt. Ich zitiere diese auszugsweise (Originalton A. Thanbichler).

Jahrgangsübergreifend
Ähnlichkeiten von Naturprodukten mit Dingen des alltäglichen Lebens können schon Schüler der Unterstufe erkennen. Damit ergibt sich die Möglichkeit, jahrgangsübergreifend zu unterrichten, wobei Schüler ihren jüngeren Mitschülern gegenüber als Mentoren fungieren können. Die Fähigkeit zur Interaktion der Gruppen wird dadurch geschult.

Neue Aspekte — neue Einsichten
Alte Erkenntnisse und neue Erfahrungen werden unter einem anderen Aspekt betrachtet als im normalen Unterricht, z. B. in ihren Bezügen zur Technik, zu unserer von Menschen geschaffenen Welt – ein Gesichtspunkt, der in unseren Lehrplänen kaum vorkommt. Liegt darin nicht eine Möglichkeit, die Technikfeindlichkeit unserer Zeit abzubauen?

Mehr Freiheit – mehr Eigeninitiative
Der Bionikkurs wurde als freie Arbeitsgemeinschaft konzipiert. Damit konnten neue Lehr- und Lernformen erprobt werden, die sonst zu kurz kommen: eigenständige Problemerkennung, selbständiges Eindenken in Problemlösungen, problemorientierte Diskussion und so weiter.

Es eröffnete sich hier die Möglichkeit, allenfalls Reichtum und Engagement anzuregen, wie es im normalen Unterrricht nicht gegeben ist. Wissen wird als Werkzeug zum Auffinden und Verstehen von Zusammenhängen in der Welt erfahren. Dies umso mehr, als der Blick aus dem Klassenzimmer hinaus unmittelbar in die Natur gelenkt wird.

Spielraum für Phantasien
Ich sah dies als Chance, die Aufgabenstellungen nun nicht in den 2 Stunden allwöchentlich zu behandeln, sondern als beständige Aufgabenstellung mit nach Hause zu geben. Die wöchentlichen Zusammenkünfte waren dann mehr Knotenpunkte. Vermutlich war dies eine der wichtigsten Erfahrungen der Teilnehmer: Neue, selbst erarbeitete Erkenntnisse sind manchmal nur mit Mühen zu erlangen. Beständiges, ruhiges Nachsinnen über eine Frage führt oft eher zum Ziel.

Fächerübergreifend – den Blick weiten
Die Verzahnung von praktischen Arbeiten und theoretischem Durchdenken einer vielschichtigen, verzweigten Problematik für das Denken über die Grenzen der einzelnen Fächer hinweg: Man erlebt unmittelbar, daß ein Problem nicht nur ein physikalisches, sondern auch ein praktisches, technisches, mathematisches ist. Hierbei war das Thema Bionik von besonderem Nutzen. Die Natur löst ja meist nicht eine Einzelaufgabe maximal, sondern sucht die gleichzeitige Lösung von mehreren Problemen, worunter manche diamatal entgegengerichtet sind.

Eine große Stütze dieses Kurses war sicher die Vorgabe, zu den Studi-
entagen eine Ausstellung vorzubereiten. Man hatte ein konkretes, auch
materiell dann erfahrbares Ziel vor Augen. Allein die Zielsetzung, seinen Blick auf die Wirklichkeit zu schärfen, würde bei Schülern als allei-
nige Motivation sicher nicht ausrechnen.

Aber das ist ja unsere vornehmste Aufgabe als Lehrer, uns etwas
Fesselndes, vielleicht auch Vordergründiges einfallen zu lassen, mit dem
Ziel, daß die Weltsicht unserer Schüler bunter, vielschichtiger, tiefer
wird.

Diese Überlegungen des Studienleiters A. Thanbichler schei-
nen mir, über das konkrete Beispiel hinausgehend, weit in die
Zukunft zu reichen.

An dieser Stelle noch eine Bemerkung dazu von meiner Seite:
Die integrative Sichtweise führt zu einem vertieften Verständnis des
Schülers für Fächer, die er vorher als „zusammenhangslose Einzel-
disziplinen" erlebt hat. Daraus ergibt sich als allgemeine Einsicht
ein Gefühl dafür, daß es nur eine *komplexe Realität* gibt, die die Fächer
mit ihren jeweils spezifischen Sichtweisen nur anzutasten versuchen. Diese Einsicht zu ermöglichen, scheint mir ein ganz besonders wichtiges allgemeines Lehrziel zu sein.

Darüber hinaus beeinflussen Bionik und Bionikdesign auch eine
theoretische Denk- und Sichtweise des Erkennens und Ordnens,
die sie zwanglos an den Philosophieunterricht anbindet. Schließlich
appelliert sie an Formgefühl und Gestaltungsfähigkeit und läßt sich
überraschend gut auch in den Kunst- und Gestaltungsunterricht einbinden. Beim Studientag wurde denn auch im Fach Kunsterziehung
von den Schülern eine Orchesterbühne mit variablem   blütenartig
zu öffnenden – Dach konzipiert.

Ausbildung an Hochschulen

Technische Universität Berlin
Im Fachbereich Bionik und Evolutionsstrategie bietet Professor
I. Rechenberg eine Nebenfachausbildung für Ingenieure an. Die
Ausbildung umfaßt ein breites Spektrum für alle technischen Dis-
ziplinen. Es können auch Diplomarbeiten angefertigt werden.
Näheres zu Rechenbergs Evolutionsstrategie s. S. 105.

Universität des Saarlandes, Saarbrücken
Im Fachbereich Biologie an der Universität des Saarlandes, Saarbrücken, biete ich eine Ausbildungsrichtung „Technische Biologie und Bionik" (TBB) für Biologiestudenten als Hauptfach an (4 Semester nach dem Vordiplom). Da dies die bis dato umfassendste Ausbildungsrichtung darstellt, seien die Grundkonzepte in der Übersicht etwas näher erläutert.

Übersicht. Anforderungen der Ausbildungsrichtung „Technische Biologie und Bionik" (TBB) an der Universität des Saarlandes

Hauptfachanforderungen

(V = Vorlesungen, Ü = Übungen, P = Praktika, Zahlen = Semesterwochenstunden)

1. Grundlegende und Angewandte Physiologie: *4 V, 5 Ü, 4 P*
2. Biologische und Biomedizinische Techniken: *6 V, 6 Ü, 8 P*
3. Ökologie und Umwelttechniken: *7 V, 8 Ü*
4. Kybernetik und Datenverarbeitung: *5 V, 10 Ü*
5. Grundlagen der Konstruktion: *2 V, 2 Ü*
6. Wahlpflichtveranstaltungen *(8 SWS)*
7. Exkursionen: *2*
8. Studienarbeit *(3 Monate)*
9. Diplomarbeit *(9 Monate)*

Nebenfachanforderungen
TBB wird in gekürzter Form auch für Physiker, Ingenieure und Techniker als Nebenfach angeboten. Es werden – je nach den unterschiedlichen Anforderungen der Prüfungsämter – Auswahlfächer in einem gewissen Gesamtumfang festgelegt. Ein Intensivkurs für Ingenieure ist in Vorbereitung.

Studienaufbau
Das Studium ist so aufgebaut, daß die Zahl der Pflichtveranstaltungen vom 5. bis zum 8. Semester sinkt. Entsprechend sollte der Besuch von Wahlpflichtveranstaltungen und Wahlveranstaltungen nach eigenen Vorstellungen zunehmen können.
Die Pflichtveranstaltungen werden i. allg. in Sachblocks angeboten, zu denen jeweils eine Vorlesung, eine Übung (Seminar, Kolloquium, Exkursion) und ein Praktikum gehören.
Die Studienarbeit soll nicht vor Ende der Vorlesungszeit des 5. Semesters begonnen werden.
Die Diplomarbeit ist experimentell ausgerichtet, sie soll nicht vor Ende der Vorlesungszeit des 8. Semesters begonnen werden.

Hochschule der Künste, Berlin
An der Berliner Hochschule der Künste wird eine Ausbildung in
Bionikdesign angeboten (Anschrift s. Anm. 16). Näheres zu diesen
Aktivitäten s. S. 126.

Ansonsten gibt es im deutschsprachigen Raum Aktivitäten da
und dort, z. B. an den Fachhochschulen Köln und Hamburg. Im
französischsprachigen Raum werden Designkurse angeboten
(Kresling/Paris). Im italienischsprachigen Raum gibt es ein großes
Designinstitut, als Teilinstitution des „Istituto Europeo di Design"
(De Bartolo/Mailand; vgl. S. 122 und *Anm. 20*).

Gesellschaft für Technische Biologie und Bionik
Ich habe vor einigen Jahren die Gründung einer „Gesellschaft für
Technische Biologie und Bionik" in die Wege geleitet (Kontaktanschrift s. Anm. 17). Sie umfaßt derzeit 200 Mitglieder. Satzungs-
gemäß kümmert sich die Gesellschaft um die Verbreitung des Bio-
nikgedankens. Darüber hinaus organisiert sie folgendes:

- dreimal pro Jahr Herausgabe von Rundschreiben mit neueren
  Bionikergebnissen und Ankündigungen;
- alle 2 Jahre Organisation eines größeren Kongresses und Herausgabe eines reich illustrierten Berichtsbands. Die ersten
  3 Kongresse haben in Wiesbaden (1992), Saarbrücken (1994)
  und Mannheim (1996) stattgefunden. Dazu kommen im jährli-
  chen Turnus Spezialsymposien.
- Organisation von Ausstellungen und Mithilfe bei Ausstellungen.
  Die Gesellschaft hat das Landesmuseum für Arbeit in Mannheim
  bei seiner Bionikausstellung 1996 unterstützt.

Öffentlichkeitsarbeit

Der Gedanke des Lernens von der Natur in Wissenschaft, Industrie und Design hat sich in den letzten Jahren gut in den Medien
etabliert. Es sind eine Vielzahl von Zeitungsartikeln, Illustrierten-
berichten, Büchern und Fernsehfilmen erschienen. Darüber hinaus
haben Vertreter dieser Arbeitsrichtung zahlreiche Vorträge in Forschung, Technik und Wirtschaft gehalten, Rundfunksendungen
gemacht und Fernsehinterviews gegeben. In diesem Zusammenhang
gehören auch die o. g. Ausstellungen und ihre Berichte.

Auch Weltfirmen haben sich mit diesen Aspekten befaßt. So hat
z. B. die Firma Siemens zwei große Ausstellungen über Bionik konzipiert (H. Heywang), die in mehreren Städten der Bundesrepu-
blik gezeigt worden sind (s. Anm. 18).

Zur Illustration der Möglichkeiten für Öffentlichkeitsarbeit je
ein Beispiel aus meinem eigenen Aktivitätsbereich:

- Buch (1984): Erfinderin Natur. Konstruktionen der belebten
  Welt. Rasch und Röhring, Hamburg
- Ausstellung (mit U. Warnke, 1992): Bionik – Lernen von der
  Natur. In: Die kleine Einführung in die Bionik. ed. Verband für
  Bionik, München
- Fernsehfilm (1995) Mitarbeit in: Brodbeck, T.: Patente der
  Natur. Eine Filmreihe über Bionik im Kulturkanal Arte
- Vortrag (1996): Bionisches Design. Landesmuseum für Arbeit,
  Mannheim, Hochschule der Künste Saarbrücken, Bereich De-
  sign Fachhochschule Köln.

Vielleicht sollte zum Stichwort „Öffentlichkeitsarbeit" noch ein
wenig ausgeholt werden, zu sehr besteht sonst die Gefahr, daß diese Art von Tätigkeit zum Selbstzweck erstarrt oder doch überschätzt
wird; ich meine Öffentlichkeitsarbeit durch den Forscher selbst.

Öffentlichkeitsarbeit muß sein, denn das Geld kommt vom
Steuerzahler, und der will – auf halbwegs verständliche Weise –
informiert werden. Wenn man ein Fachgebiet oder eine Sichtweise wie die der Bionik etablieren will, ist detaillierte, geduldige und
langfristig durchgehaltene Öffentlichkeitsarbeit unabdingbar. Sie
kostet nur viel Zeit. Und die geht von den Dingen ab, für die der
Forscher primär sein Geld bekommt, Forschung nämlich. In unseren Tagen sind die Verhältnisse nahezu schon pervertiert. Gute Forschung ohne ein gut aufbereitetes „politisches" Umfeld versackt.

Zusammenarbeit Forschung – Anwendung

Während sich der Grundlagenforscher i. allg. damit begnügt, bisher unbekannte Zusammenhänge zu erforschen und aufzudecken, wollen der Bioniker und der bionikinteressierte Designer ja naturbasierte Ideenkonzepte in die Realität umsetzen.

Beispiel für die Entwicklung eines Konzepts

Es geht um die Verbesserung der biomechanischen Eigenschaften und damit des Laufkomforts bei Sportschuhen.

Mehrere Firmen (Adidas, Reebok, Puma/Asics) versuchen derzeit, die vielparametrische Optimierung v. a. der Sohlenkonstruktion zu verbessern. Es handelt sich dabei um Dämpfungseigenschaften, Haftungseffizienz, Reduzierung der Stoßbelastung beim Aufsetzen, Verhinderung von Seitbewegungen des Fußes, Druckgleichmäßigkeit, Torsionseffizienz etc.

Eine Reihe dieser Probleme, insbesondere auch die Art ihres Zusammenspiels, sind in der Natur bei Sohlen- und Fußkonstruktionen schnell laufender Wirbeltiere gelöst. Eine bionische Übertragung dieser Designeigentümlichkeiten im Hinblick auf eine bessere Gesamteffizienz des Systems erscheint daher erfolgversprechend. Zudem können Ansätze von ganz anderen „natürlichen Konstruktionen", z. B. den Dämpfungseigenschaften bei Wirbelsäulen, mit eingebracht werden.

Der Ansatz wurde von U. Warnke und mir konzipiert, und er wird hier als Beispiel für die Entwicklung eines Projekts vorgestellt.

Phänomenologie
Die Sohlen von Sportschuhen sind heute noch fast ausnahmslos aus sandwichartigen Einzelschichten aufgebaut, deren mechanische Eigenschaften nicht optimal aufeinander abgestimmt sind. Eine vollständig integrative Bauweise, wie sie für biologische Konstruktionen so typisch ist (vgl. Prinzip 1, S. 22) fehlt. Stoßdämpfende Elemente sind meist nach Versuch und Irrtum ausgeführt und keineswegs optimal auf die Gesamtsohle verteilt. Dies gilt auch für Antirutschstrukturen, verschiebungshemmende Verbindungen etc.

Bionischer Bezug
Der Schuh – und insbesondere die Sohle – sind nichts anderes als die kulturelle Antwort der Fortbewegung eines „natürlichen Organismus" in zivilisationsbedingt veränderter Umgebung. Nachdem sich unsere Umwelt geändert hat, nicht aber unsere Fußkonstruktion, muß eine konstruktive Anpassung erfolgen. Anpassungen sind im Verlauf der Evolution auch bei laufenden Wirbeltieren in vielfältiger Weise geschehen. Ihr Studium hat also direkte Relevanz für das vorliegenden Problem.

Anstoß zur Bearbeitung
Der Anstoß kam durch eine Anfrage der Firma Adidas, inwieweit mit einem Beitrag zur vorliegenden Problematik gerechnet werden könne.

Vorgehensweise
In Abstimmung mit dem Auftraggeber wurden zunächst umfangreiche Literaturrecherchen durchgeführt, insbesondere zu den Stichworten „Elastizität im Tierreich" und „Schockabsorption im Tierreich". Auf diesen Informationen aufbauend wurde eine zusammenfassende Berichtdarstellung vorgelegt. Aus diesen Daten wurde eine wertende bionische Zusammenfassung konzipiert, die mehrere Vorschläge für Weiterforschung und Umsetzung enthielt. Die Firma hat dazu Teilaufträge gegeben und finanziert.

Zu den genannten Vorschlägen gehörte u. a. eine einstellbare Sohlendruckverteilung durch eine definierte Duktführung mit Fluidfüllung, analog der Hautstruktur schnellschwimmender Meeressäuger. Des weiteren war ein Schwingungsdämpfer mit Bläschenstrukturierung nach elektrostatischen Effekten vorgesehen und schließlich eine Sohlenabhängung nach dem Känguruhprinzip.

Technologiepotential
Grunddisziplin ist hier die Biologie, insbesondere die vergleichende Anatomie und Morphologie sowie Histologie. Für die Weiterführung sind die technische Physik und Ingenieursdisziplinen gefordert. Insgesamt ergibt sich ein sinnvoller Bezug zwischen biologischer Basis, technischer Abstraktion und ingenieurmäßiger Weiterentwicklung.

Das Projekt war von vornherein interdisziplinär angelegt. Die im Studium der funktionsmorphologisch-biologischen Literatur bzw. im Verlauf der Eigenuntersuchung an biologischen Vorbildern gewonnenen Erkenntnisse und Entschlüsse wurden in modifizierter Form einer eigenständigen technischen Weiterentwicklung zugeführt. Dies geschah in einem iterativen Prozeß unter Einbindung von Biologen, Verfahrenstechnikern, Kunststoffspezialisten, Gummispezialisten, Industriedesignern und Managern.

Von solchen Ansätzen können insbesondere Aspekte der Materialforschung und der strukturellen Integration von Bauteilen in der Schuh- und Bekleidungsindustrie profitieren.

Anwendungspotential
Wenn Strukturen gefunden werden, die die bisherigen (integrativ sehr unbefriedigenden) Baumöglichkeiten ersetzen können, ergibt sich eine breite Anwendungsmöglichkeit, da „integrative Homogenität" allemal „strukturfunktionelle Heterogenität" verdrängen wird. Die Anfangstechnologie ist dabei schwieriger, aber bei Serienfertigung letztendlich billiger und erfolgversprechender.

Anwendungshemmende Barrieren
Interne Umstrukturierungen in der Firma Adidas und die Verlagerung ihres Hauptsitzes von Deutschland nach USA haben Förderungsmöglichkeiten durch das BMBF abgeblockt. Die Strukturierung einer weiteren Zusammenarbeit wird derzeit überlegt.

Designwerkstätten

Designwerkstätten benutzen den Formen- und Funktionsschatz der Natur, wenn überhaupt, meist nur marginal. Im allgemeinen handelt es sich dann oft auch nur um oberflächliche Übereinstimmungen, vielfach reine Formähnlichkeiten ohne funktionellen Hintergrund. Bionikdesign bedeutet aber mehr, wie dieses Buch zu zeigen versucht. Aus dem Bereich des funktionellen Bionikdesigns seien einige Bespiele genannt.

Beispiel 1: Michael Post, Bionik-Design, Laupheim
Es werden prinzipiell und systematisch allgemeine Anregungen aus der Natur übernommen. Diese werden dann allerdings so verarbeitet, daß man dem industriellen Produktdesign die „Ideenquelle" nicht mehr ansieht.

Der Inhaber dieses Designbüros sagt von seiner Einrichtung, sie sei „wie ein Ohr für Industrieunternehmen, um die Sprache der Bioniker bzw. die wissenschaftlichen Erkenntnisse der technischen Biologie und Bionik für sie verständlich zu machen."

Weil Bionik die Natur als Vorbild betrachtet, nicht als Kopiervorlage, müssen Ähnlichkeiten erst einmal verstanden und dann in technische Produkte übertragen werden. Mit ihrer langjährigen Erfahrung bei Design- und Produktentwicklungen versteht sich diese Einrichtung als Vermittler zwischen Unternehmen und wissenschaftlicher Bionik: Bionikdesign baut auf den Erfahrungen von Designbearbeitungen auf. Der Gestaltungsprozeß greift tief in alte Produktionsstrukturen ein.

Der Designer kennt auch die Schwierigkeiten, moderne, naturnahe Konzepte zum industriellen Tragen zu bringen. Er nennt einige:

— Leider steht Designbearbeitung oft nicht am Anfang, sondern stellt die letzte Ebene dar, auf der die größtmöglichen Gemeinsamkeiten aller zuvor erarbeiteten Einzelergebnisse zu erreichen sind. Es ist gleichzeitig die letzte Ebene, auf der Konzeptions-, Kompetenz- und Planungsfehler korrigiert werden können.
— Ein Problem für Firmen, die im Entwicklungsprozeß den 'Faktor Design' berücksichtigen wollen, ist die Vergrößerung der Komplexität. Oft würgt dies einen Ansatz bereits im Entstehen ab.

– Noch komplexer wird die Problematik, wenn weitere Anforderungen in ökologischer Ausrichtung und Produktion hinzukommen.
– Erfolgreich sind Entwicklungen nur dann, wenn Entscheidungsträger, Marketing, Technik, Produktion und Design die Fähigkeit haben, weitsichtig, planmäßig, teamfähig, ganzheitlich und ökonomisch zu denken und zu handeln."

Für den Bioniker ergibt sich die Schwierigkeit, zu Einzelergebnissen, die ihm bekannt sind, ein passendes Umfeld zu suchen, das eine Realisierung der „Naturideen" ermöglicht und fördert. Doch je mehr vorhandene Produkte durch solche Ideen verändert werden, desto schwieriger wird es, ein geeignetes Umfeld zu finden.

Pionierleistungen hat in diesem Zusammenhang die Firma Foron gewagt, die durch die Entwicklung und Produktion des ersten FCKW- und FKW-freien Kühlschranks Aufsehen erregt hat *(Abb. 60 a)* und die mit dem Design neuartiger Waschmaschinen *(Abb. 60 b)* alte Produktionsstrukturen stark verändern mußte.

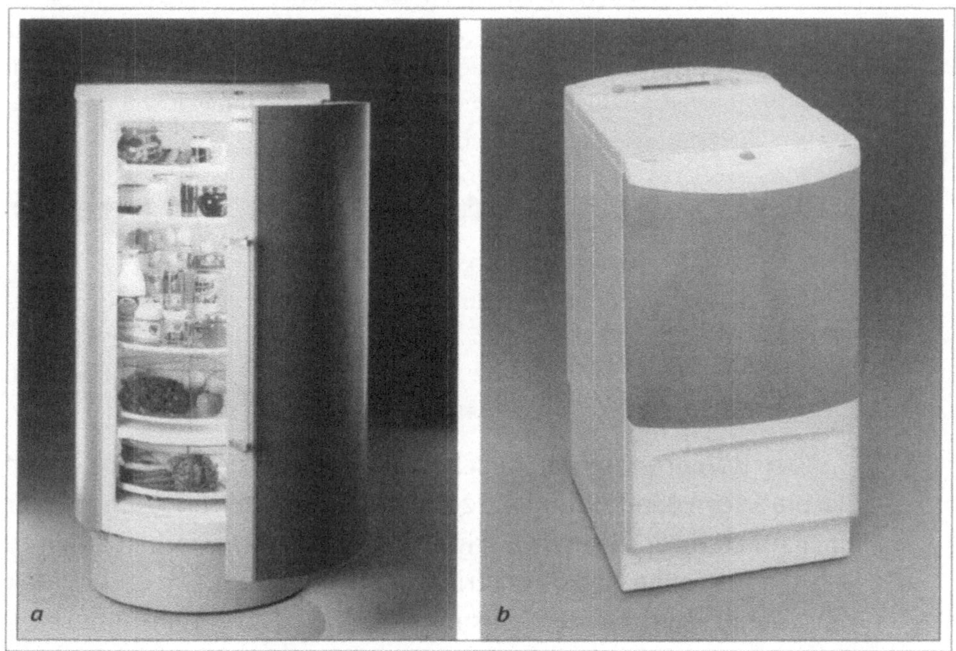

Abb. 60 a+b:
Zwei Industrieprodukte. Designentwürfe unter Mitarbeit von Michael Post. *a)* FCKW- und FKW-freier Rundkühlschrank; *b)* Waschautomat Vitatop

Natürliche Vorbilder – sehr allgemeiner Art – waren in diesem Zusammenhang u. a.:

– Oberflächen-Volumen-Verhältnisse,
– Wärmeleitfähigkeitsbeeinflussungen,
– neuartige Dämmstoffe,
– neuartige Kühlstoffe,
– systemische Teileintegration,
– Energieeinsparung bei Teilproduktionen,
– leichte Desintegrationsmöglichkeit,
– möglichst weitgehende Teilerezyklierung.

Dazu kamen weitere funktionelle und schließlich eine Reihe ästhetischer Aspekte (Anschrift s. Anm. 19).

Beispiel 2: Carmelo Di Bartolo,
Istituto Europeo di Design, Milano
Die Italiener sind seit jeher für modernes und aufregendes Design bekannt. Das genannte Institut bezieht sich nun seit einigen Jahren ganz dezidiert auf das „Formvorbild" und – wo möglich – auch auf das „Funktionsvorbild" Natur. Die Entwicklungen haben bereits weitgehende industrielle Anerkennung und Anwendung gefunden.
Der Industriedesigner hat klare Vorstellungen von dem, was Natur dem Designer geben kann:

„Die Natur ist perfekt. Sollten wir sie dann kopieren?
Man hat lang und breit darüber debattiert. Warum kopieren? Aus Notwendigkeit, weil man selbst auf keine Ideen kommt, aus Respekt vor dem Vorbild (wie das in manchen orientalischen Kulturen üblich ist) oder um etwas zu verstehen?

Aber Kopieren ist der falsche Ausdruck. Es ist ganz klar, daß die bionische Methode nicht zu Naturkopien führen kann, weder hinsichtlich ihrer Formen noch ihrer Strukturen. Sie hilft aber zu verstehen, wie die Natur konstruiert und überhaupt entwickelt. Man kann dann Teile aus dem Zusammenhang loslösen und übernehmen, als Basis für ähnliche Modelle im Zuge technischer Designentwicklung. Innerhalb einer Designkette kann man Ideen aus der Natur an unterschiedlichen Stellen einbringen".

Einige Projekte aus dem Entwicklungsbereich dieses Instituts werden im Folgenden vorgestellt (Anschrift s. Anm. 20).

Projekt „Autositz" (1988)

In Zusammenarbeit mit der Firma Fiat/Turin wurde ein Autositz entwickelt, der leichter und weniger voluminös ist als bisherige Sitze und dabei den Sitzkomfort nicht nur nicht einschränkt, sondern sogar erweitert *(Abb. 61)*. Man sitzt auf dieser Einrichtung „flottierend", kann viele leicht unterschiedliche Sitzhaltungen einnehmen, reguliert die Körpertemperatur besser und ermöglicht eine günstigere Blutzirkulation.

Die Struktur folgt Vorbildern der Diatomeenschale, der Oberflächenstruktur von Pantoffeltieren und der Beinkonstruktion von Krabben.

Projekt „Künstliche Wurzeln" (1992)

In Zusammenarbeit mit den Designern Da Sileira, Di Blasi und M. Nova wurden Kunststoffelemente nach dem Vorbild von Pflanzenwurzeln entwickelt *(Abb. 62)*. Böden, die durch Erosion unstabil geworden sind, wird damit eine gewisse Stabilität zurückgegeben. Analog den natürlichen Wurzeln besteht das System aus einer Serie „sekundärer Wurzeln", die mit Übergangsstücken an „Stämmen" ansetzen. Das System adaptiert sich selbständig an die Neigung des

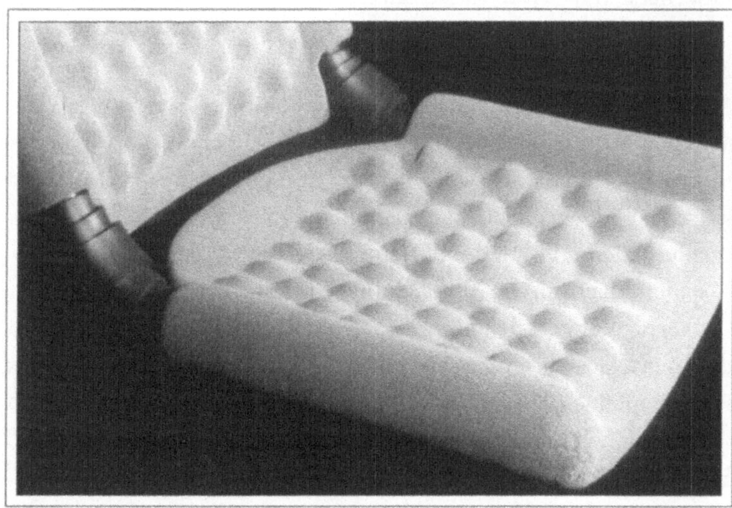

Abb. 61:
Autositzprojekt

     Zusammenarbeit Forschung – Anwendung

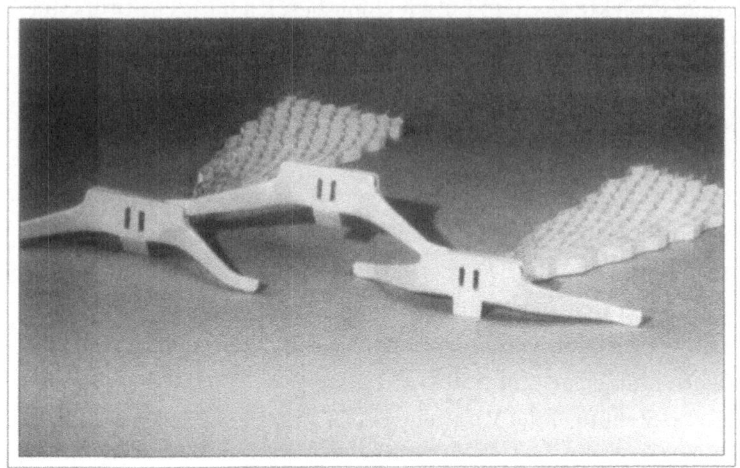

Untergrunds, ist permeabel, setzt sich mit rutschendem Boden unter zunehmender Zugspannung und verfestigt so den Untergrund, ohne Wasser aufzustauen.

Sicherheitsbodenbelag für Blinde
Für Bahnsteigkanten von U-Bahnen wurde ein gummartiger, genoppter Sicherheitsbelag entwickelt, der blinden Menschen das Betreten des Gefahrenbereichs signalisiert. Um die optimale Noppenform und Haftung zu finden, wurden mehr als 120 natürliche Oberflächen im Hinblick auf ihre Textur genauer untersucht.

Beispiel 3: Udo Küppers, Bionik-Systeme, Berlin
Man beschäftigt sich u. a. mit dem Problemkreis „Natürliche Verpackungen und ihre Übertragbarkeit auf die Technik". Insbesondere Früchte und Samen von Pflanzen werden auf oft überraschend komplexe, dabei gleichzeitig auch materialarme Weise mit stoßabsorbierenden Geweben umgeben, die sie auf ihrer oft langen Reise gegen mechanische Außeneinflüsse schützen.

Verpackungen der anthropogenen Technik sind häufig kaum optimiert; sie gehen meist von ungeschickten Materialien aus, deren Einsatz nicht minimiert wird, die in der Herstellung energetisch viel zu aufwendig und für das Rezyklieren oft schlecht geeignet sind. Eine Feinabstimmung nach Kriterien des „minimierten Aufwands" kann man selten erkennen. Hier liegt in den Konstruktionen der

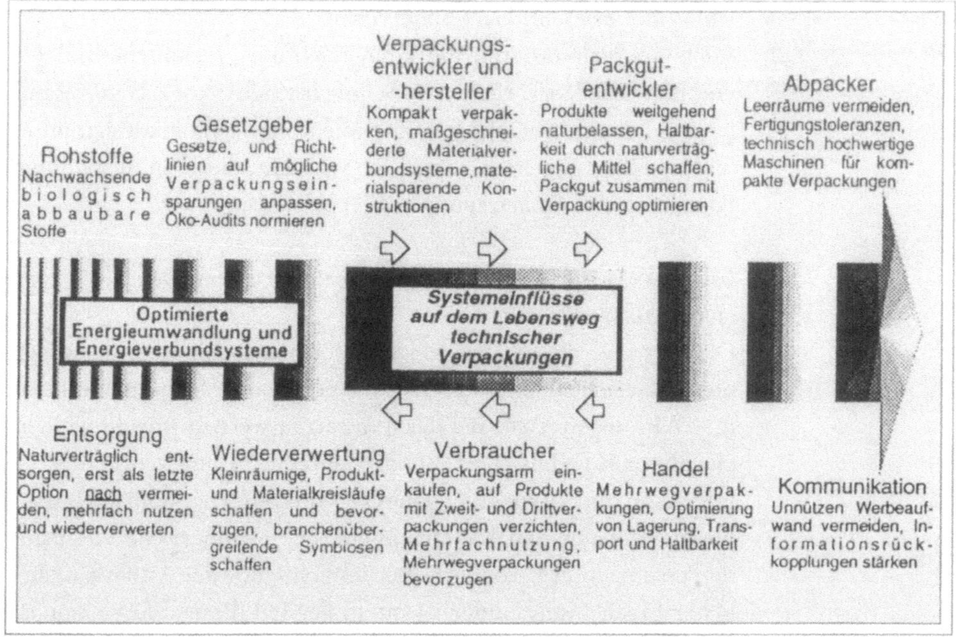

Abb. 63:
Kreislaufoptimierte, naturanaloge Verpackungswirtschaft

Natur noch ein außerordentlich großes Anregungspotential für die Technik bereit, das bisher kaum genutzt worden ist.

Nicht nur biologische Verpackungsmaterialien selbst, sondern auch die Art und Weise, wie sie in der Natur in Form einer regelrechten „Materialwirtschaft" in einen Kreislaufprozeß eingebunden sind, sollten das Vorbild abgeben für eine völlig neuartige, bionisch orientierte Verpackungswirtschaft *(Abb. 63)*. Diesbezüglich arbeiten die Gruppe um Küppers und unsere Gruppe an einem gemeinsamen, neuartigen Modell (Anschrift s. Anm. 21).

Beispiel 4: Biruta Kresling, Bionique et Design, Paris
Die gelernte Architektin befaßt sich als freie Bionikerin insbesondere mit natürlichen Faltungssystemen und deren Umsetzung. Es ergeben sich in Zusammenarbeit mit den Studenten ihrer französischen, englischen und österreichischen Designkurse Faltstrukturen, die platzsparend verstaut werden können und im Funktionszustand erstaunlich formstabil sind (Anschrift s. Anm. 22).

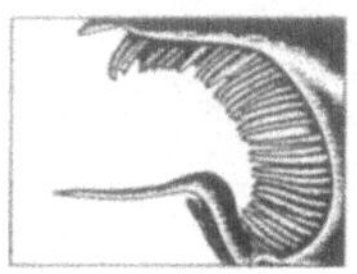

Beispiel 5: Gruppe BIONIK-Design,
Universität des Saarlandes, Saarbrücken

Auch innerhalb unserer Ausbildungsrichtung „Technische Biologie und Bionik" in Saarbrücken (s. S. 114) hat sich in lockerem Zusammenschluß eine Gruppe gebildet, die sich mit Bionikdesign unter funktionellen Aspekten befaßt. Sie versucht, dieses in Ausbildung, Forschung und Übertragung mit einzubringen.

Beispiel 6: Gerhard Schlüter und Sabine Röck, Bionik-Design,
Hochschule der Künste, Berlin

Die Vertreter dieser Designrichtung arbeiten mit Naturanalogien nach 3 Gesichtspunkten: Funktionsmerkmale – Strukturmerkmale – Wirkungsweisen. Bei ihren Ansätzen werden sowohl natürliche als auch technische Lösungen untersucht und verglichen. Es folgt dann die Entwicklung eines Gestaltungsprogramms, das über die funktionalen Aspekte hinausgeht. Die zeichnerische Auseinandersetzung unter besonderer Berücksichtigung der Ästhetik natürlicher Erscheinungsbilder ist integraler Teil dieser Entwicklungsstrategie (vergl. S. 115).

Als Beispiel zeigt die *Abb. 64* ein Konzept drehbarer Fächer zur „zugfreien" Lüftung, das auf der Schwungfedermechanik des Vogelflügels aufbaut.

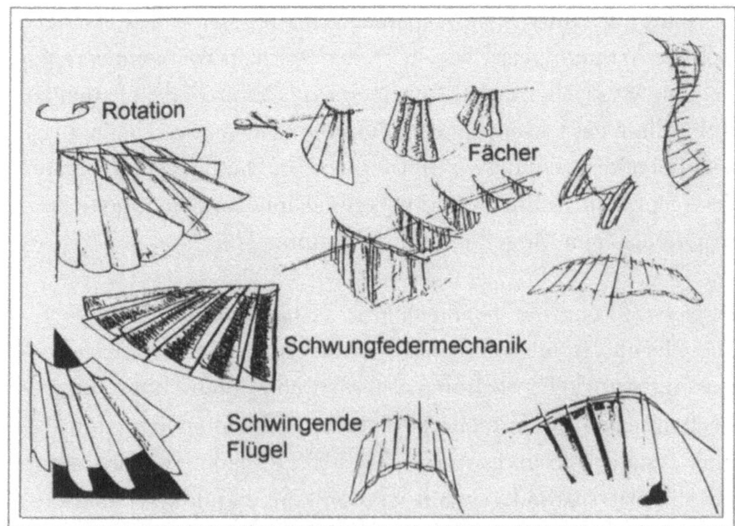

Abb. 64:
Vormodellskizzen eines den Schwungfedern analogen Winderzeugers (Raumlüfter)

Vorgehensweisen

Gehen wir nochmals zurück zum Ausgangspunkt der Überlegungen. Die Grundlage einer jeden Zusammenarbeit zwischen Forschung und Anwendung ist die analoge Gegenüberstellung: Analogieforschung. Aus dem Form- und Funktionsvergleich kann sich ein bionisch mitgestaltetes technisches Produkt entwickeln *(Abb. 65)*.

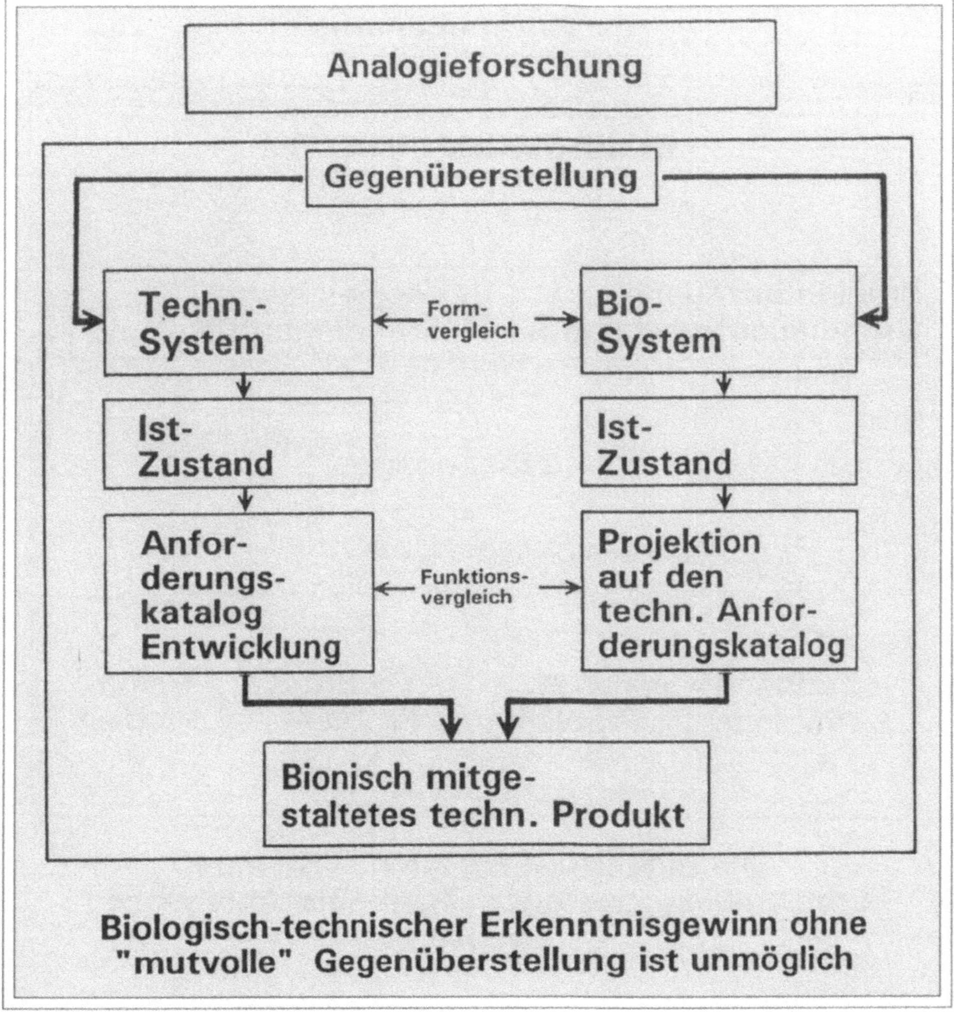

Abb. 65:
Flußdiagramm der Analogieforschung

Die biologische Analyse kann sich auf das Problem selbst oder auf ein größeres Problemfeld beziehen. Eine problembezogene Analyse löst u. U. bereits eine bestimmte Fragestellung. Parallelanalysen wirken allgemein; sie füllen einen Informationspool, aus denen sich vergleichende Problemlösungen ergeben können *(Abb. 66)*.

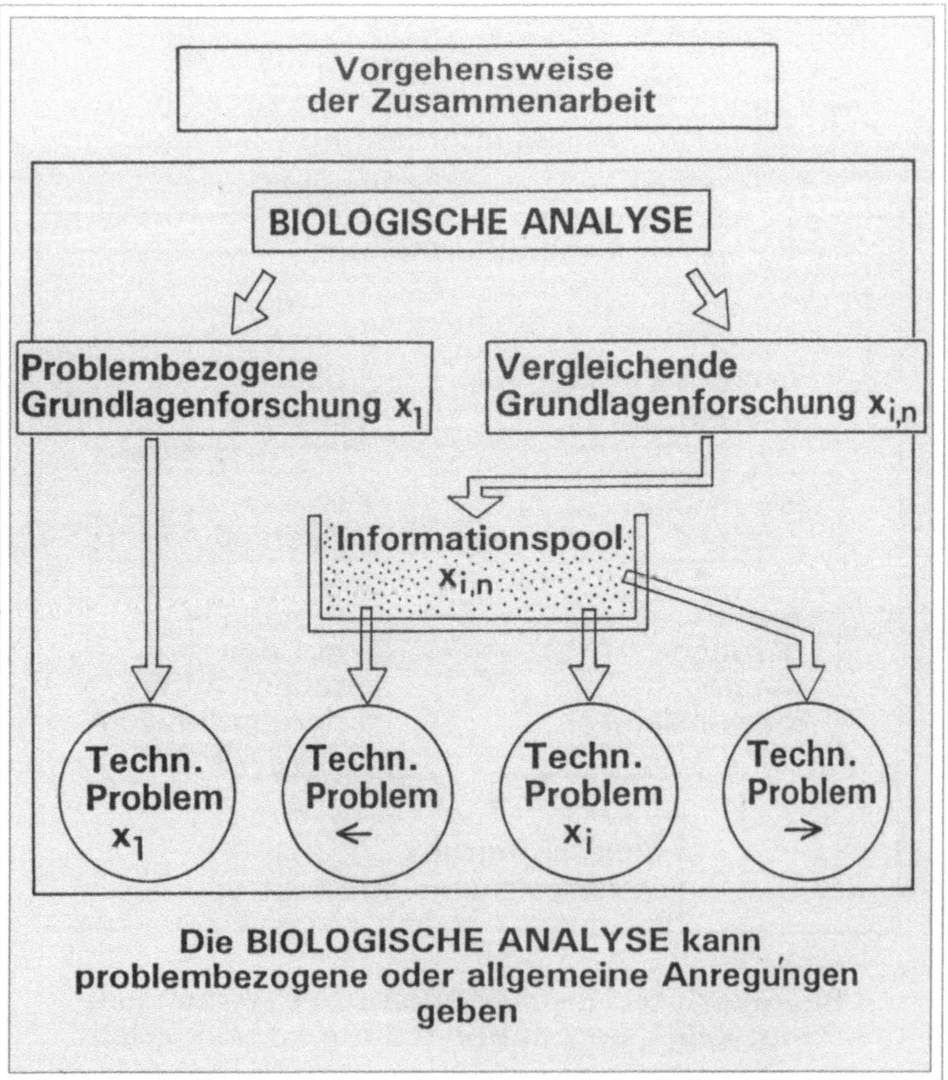

Abb. 66:
Spezielle und allgemeinere Datensammlung

In der praktischen Zusammenarbeit kann das Knowhow der Biologie an zwei Stellen in die Vorgehensweise technischer Entwicklung einfließen: am Übergang von der Konzeption zur Prinzipkonstruktion und – in einem iterativen Prozeß – bei Veränderungen, die zur Festigung der Marktposition laufend nötig sind *(Abb. 67)*.

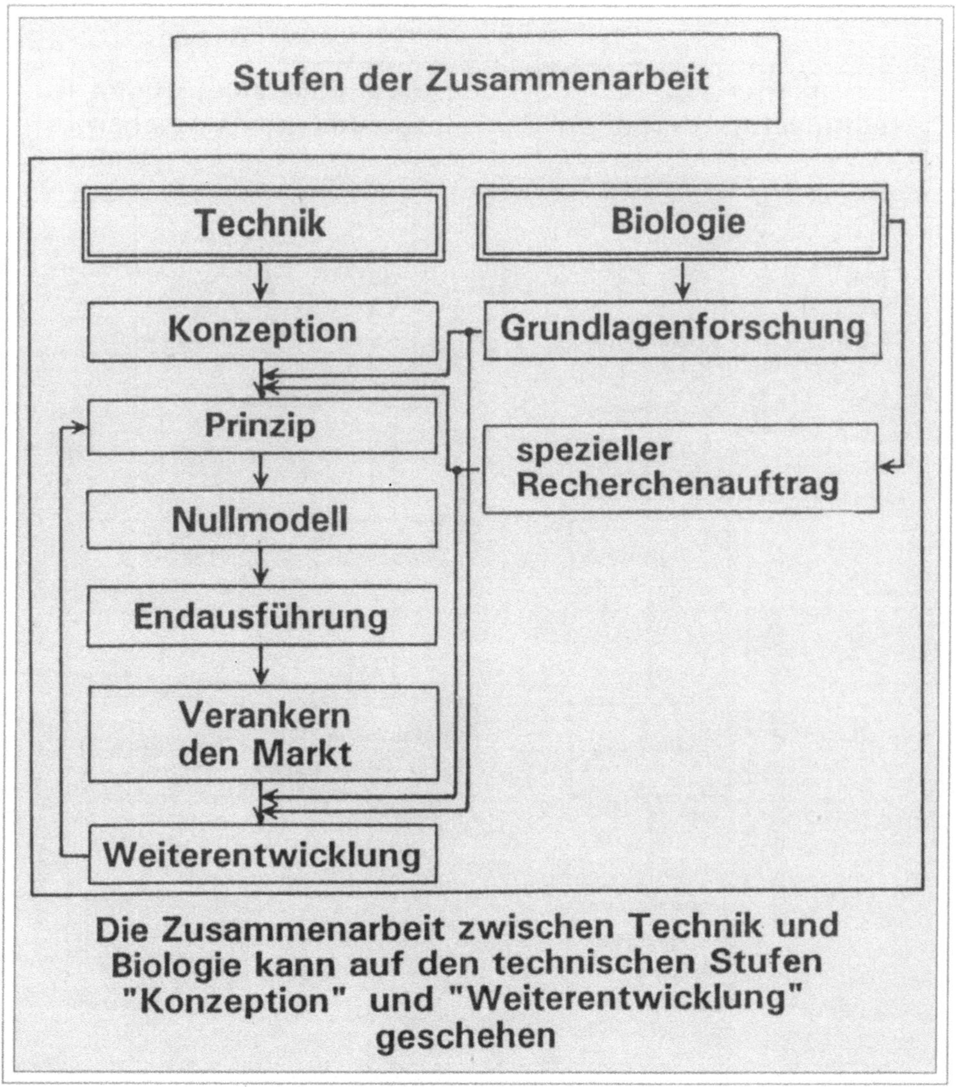

Abb. 67:
Einspeisen in die technologische Entwicklungskette

Welche Rolle kann nun biologisches Design letztendlich spielen? Technische Biologie kann helfen, biologische Teilsysteme besser zu verstehen. Diese können über bionische Anregungen wiederum helfen, technische Lösungen bionisch mitzugestalten *(Abb. 68)*.

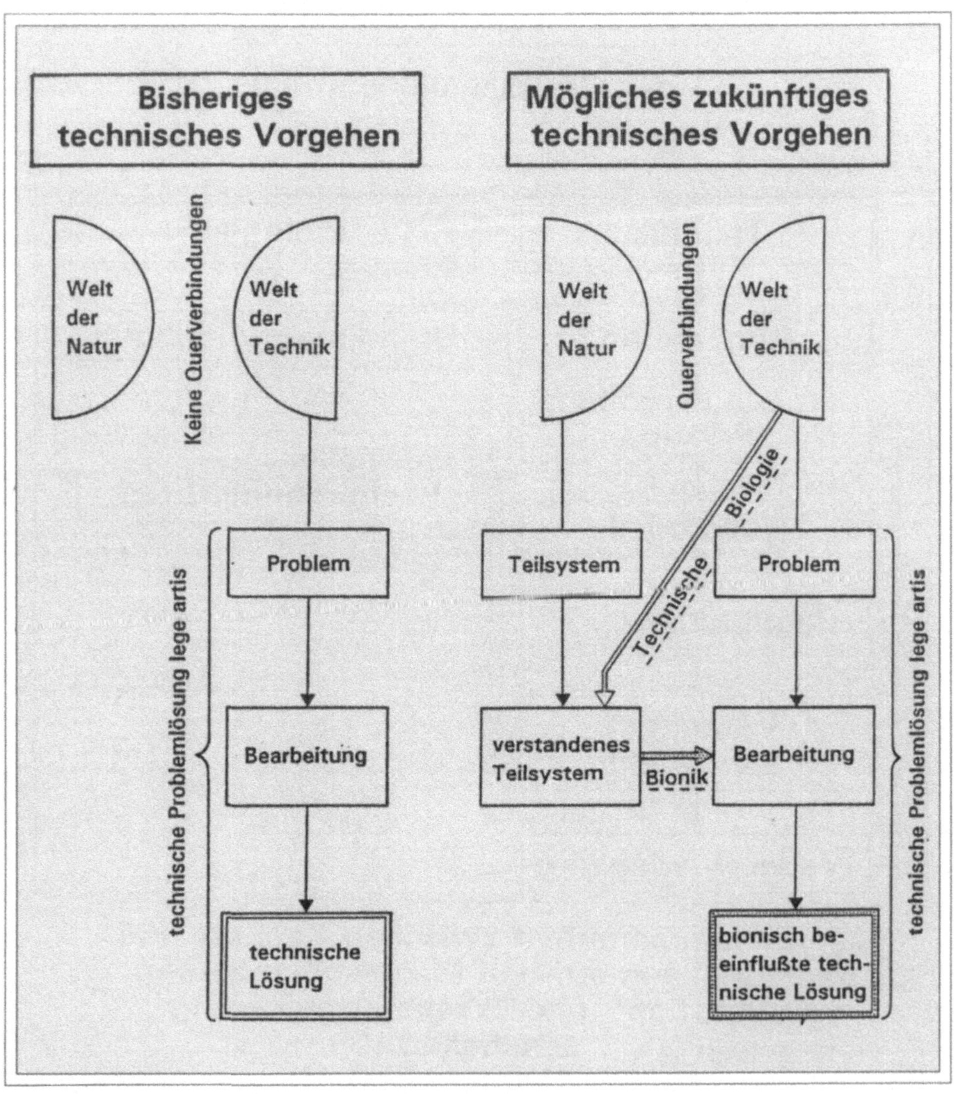

Abb. 68:
Interaktion biologisches Verstehen – technisches Gestalten

Wir sind ans Ende unserer Überlegungen zum Stichwort „Bionikdesign" gekommen. Zentrales Thema war das Stichwort „Bionik": Lernen von der Natur für eigenständiges (technisches) Gestalten.

Lassen Sie mich enden mit den Einführungstafeln zu unserer oben erwähnten Bionikausstellung. Sie stehen auf den Folgeseiten 132–138. Ich hoffe, sie sind selbsterklärend.

Schreiben Sie mir (oder der „Gesellschaft für Technische Biologie und Bionik" – Anschrift s. Anh. 17), wenn Sie Näheres wissen wollen oder wenn Diskussionsbedarf besteht.

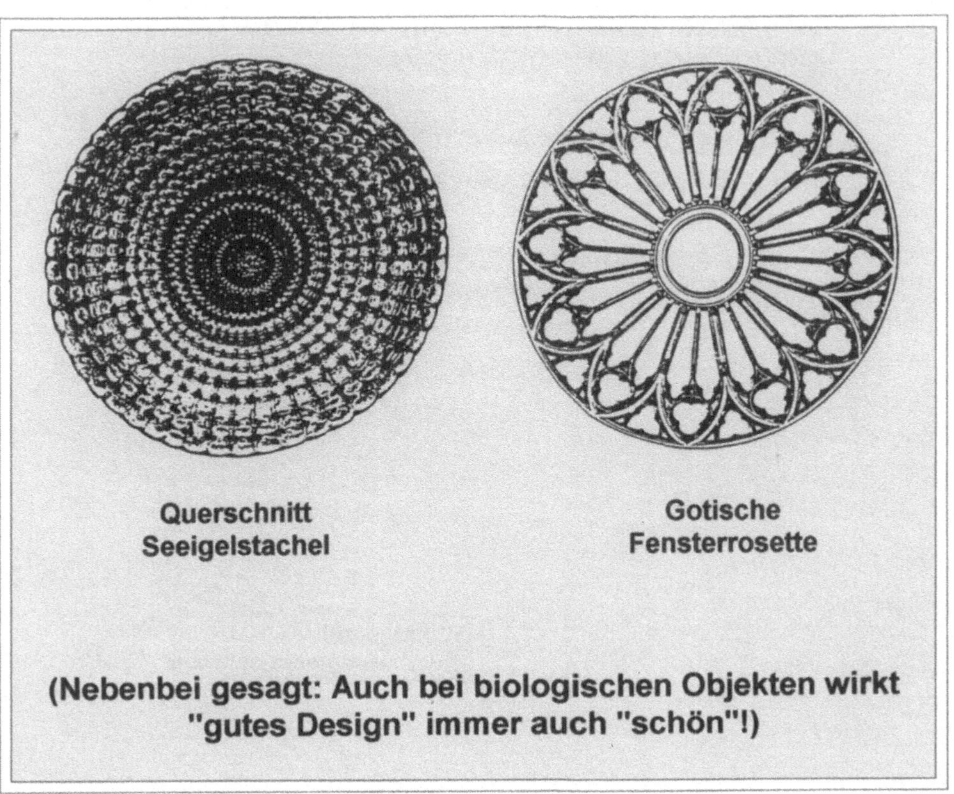

BIONIK-DESIGN:

EIN SCHLAGWORT
STEHT FÜR EIN PROGRAMM

- BIOLOGIE, DESIGN UND TECHNIK WERDEN ZUSAMMENGEFÜHRT ZUM NUTZEN DES MENSCHEN UND DER UMWELT

- DER "BEGRIFF BIONIK" IST SCHON ALT (Steele 1958, Nachtigall 1973)

- DAS "PROGRAMM BIONIK" IST DAGEGEN JUNG UND ZUKUNFTSWEISEND

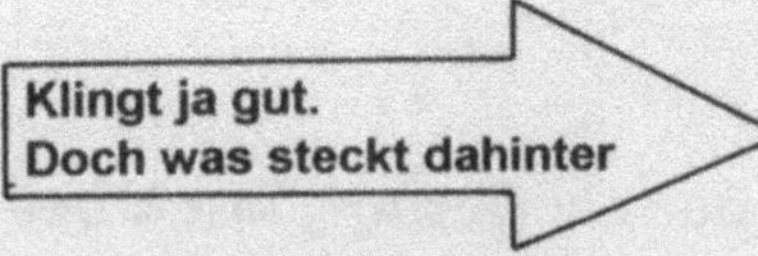

BIONIK-DESIGN:

EIN PROGRAMM STELLT SICH VOR

- **SAGEN WIR GLEICH, WAS <u>NICHT</u> GEMEINT IST:**

  DIE NATUR KOPIEREN
  (Die Natur liefert keine Blaupausen für Techniker)

  ZURÜCK ZUR NATUR
  (Naturschwärmerei führt nicht weiter)

  UNFUNKTIONELLES DESIGN
  (Reine Formspielereien bringen nichts)

- **BIONIK-DESIGN BEDEUTET VIELMEHR:**

  **ANREGUNGEN FÜR DEN DESIGNER
  UND DEN INGENIEUR**
  (Die Natur gibt "nur" Ideen. Gestalten muß der
  Designer. Konstruieren muß der Ingenieur)

  HERAUS AUS DEM "REIN MACHBAREN",
  (Zukunftstechnologie bedarf der Naturinspiration.
  Das "Wünschbare" soll sich an den Bedürfnissen
  des Menschen spiegeln und halbwegs im Einklang
  mit der Umwelt stehen.)

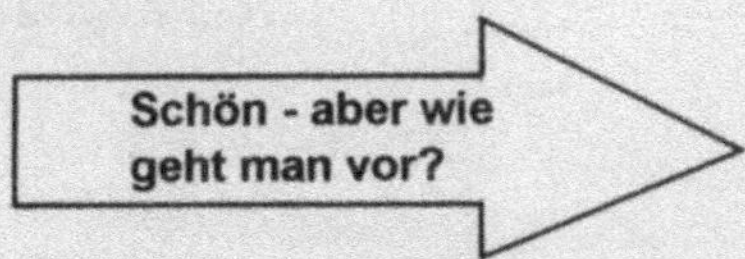

BIONIK-DESIGN:

EIN SCHLICHTES BEISPIEL ZEIGT, WORAUF ES ANKOMMT

1. AM ANFANG STEHT DIE NATURFORSCHUNG
("Technische Biologie" → Grundlagenforschung)

Klettfrüchte haften an Fellen und Kleidern

2. ES FOLGT DIE ABSTRAKTION EINES PRINZIPS

Prinzip der statistischen Verhakung

3. DAS PRINZIP WIRD TECHNISCH UMGESETZT
("Bionik" → angewandte Forschung)

Technisches Klettband

BIONIK-DESIGN

IST MEHR ALS
STRUKTURELLE UMSETZUNG

- DAS VORHERGEHENDE BEISPIEL
  GEHÖRT ZUR STRUKTURBIONIK

- WICHTIGER, JA ÜBERLEBENSWICHTIG,
  KÖNNEN TECHNISCHE UMSETZUNGEN
  VON NATURVERFAHREN WERDEN:
  VERFAHRENSBIONIK

- EIN BEISPIEL:

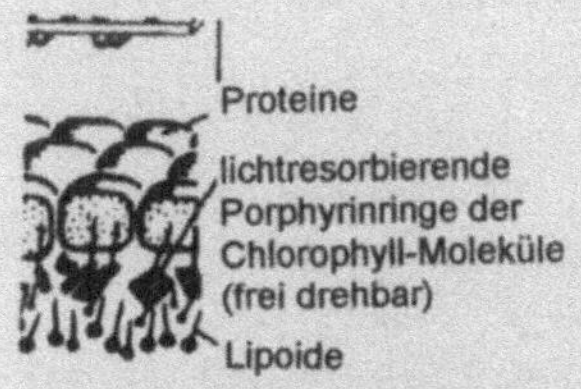

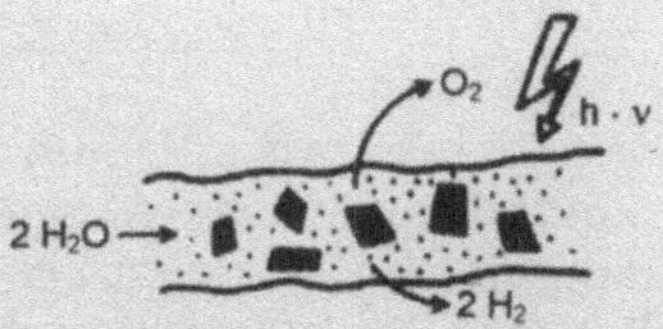

Membrangebundene, lichtab-
sorbierende Moleküle stehen
am Beginn der Wirkketten der
pflanzlichen Photosynthese
(mit Wasserspaltung) ⟶
Grundlage auch des mensch-
lichen Lebens.

Membrangebundene syntheti-
sche Sonnenabsorber können
am Beginn einer solaren Wasserspaltung stehen:
⟶ Wasserstofftechnologie
energetische Basis für ein Über-
leben des Menschen

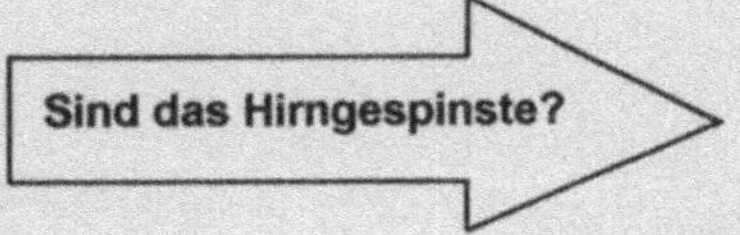

BIONIK-DESIGN

IST KEINE UTOPIE

- WARUM SIND SOLCHE VORSTELLUNGEN KEINE UTOPIE?
  GANZ EINFACH:

- BIONIK-DESIGN BASIERT AUF DEN VORLAGEN DER
  "REAL EXISTIERENDEN" NATUR.
  UND DIESE BRINGT FASZINIERENDES ZUSTANDE

Zum vorhergehenden Beispiel:

Wüßte man nicht, daß und wie die Natur die höchst
komplexen Prozesse der Photosynthese beherrscht,
könnte man sich niemals **vorstellen**, daß so etwas
funktionieren kann. Geschweige denn, daß man darauf
eine technische **Umsetzung** aufzubauen wagte ...

Ohne "mutvollen Vergleich"
geht es also wohl nicht?

BIONIK-DESIGN

BEGINNT MIT DER GEGENÜBERSTELLUNG

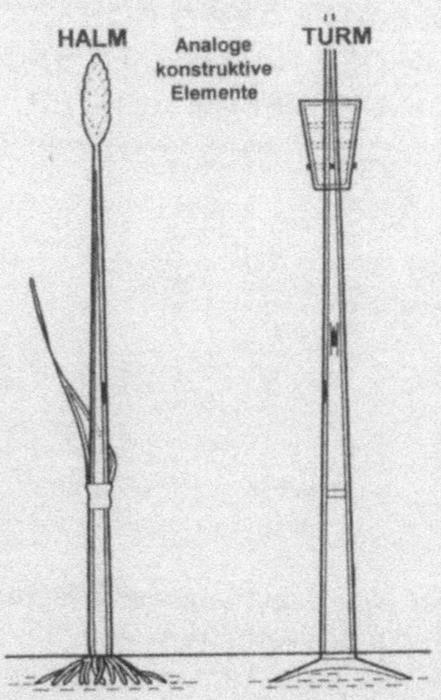

Das Buch hat gezeigt, daß ein Grashalm und ein Fernsehturm vielerlei Analogien aufweisen. Bringt der Vergleich etwas für das Verständnis der Halmkonstruktion ("Technische Biologie")? Bringt er etwas als Anregung für ein eigenständiges Konstruieren ("Bionik")? Oder ist es völlig unsinnig, Details zu vergleichen?

Eines ist sicher: Ohne Gegenüberstellung ("Analogieforschung") kann man nicht entscheiden, ob die Disziplinen etwas voneinander lernen können oder nicht.

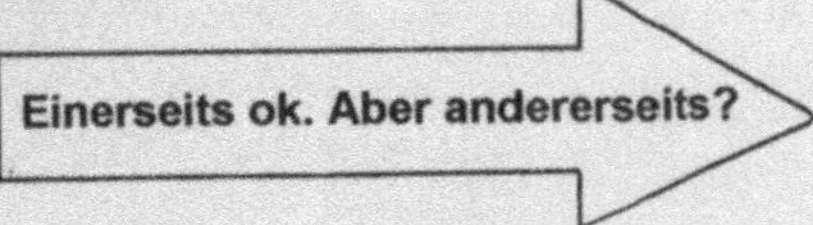

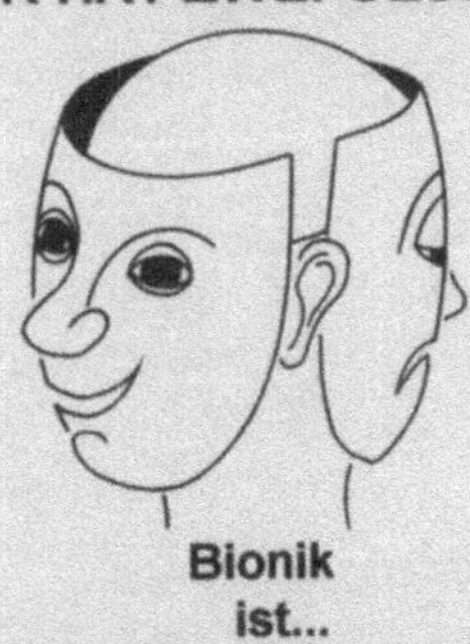

- ...kein Allheilmittel - aber eine beachtenswerte Methodik.
- ...kein einzigartiges Forschungsverfahren - aber ein unverzichtbares
- ...keine Naturimitation - aber ein naturnaher Systemansatz:

BIONISCHES DESIGN
MUSS DEM
MENSCHEN
DIENEN

Literatur

Angegeben ist lediglich diejenige Literatur, auf die im Text und bei den Abbildungsnachweisen direkt Bezug genommen wird.

Anonymus (1993): Bionik: Natur als Vorbild. Pro Futura, München

Bahadori MM (1978) Passive cooling systems in Iranian architecture. Scientific American, Februar 1978, 144–154

Bannasch R (1995) Hydrodynamics of penguins – an experimental approach. In: Dann P et al. (eds) Advances in penguin biology. Surrey Beatty, Sydney

Bappert R et al. (eds.) (1986) Bionik. Zukunfts-Technik lernt von der Natur. Ausstellungskatalog des Landesmuseums für Technik und Arbeit, Mannheim

Barth F (1992) „Technische" Perfektion in der belebten Natur. Sitzungsber Wiss Ges Univ Frankfurt 28, (5) 5–35. Steiner, Stuttgart

Barthlott W, Neinhuis C (1997): Purity of the sacred lotus or escape from contamination in biological surfaces. Planta, 202, 1–8

Bechert DW: Turbulenzbeeinflussung zur Widerstandsverminderung. Hermann-Föttinger-Institut für Thermo- und Fluiddynamik der TU Berlin. Bericht

Bechert DW, Reif WE (1985) On the drag reducton of shark skin. AIAA-85–0546 report. AIAA conference, March 12–14, Boulder/Colorado

Blaser W (Hrsg) (1989) Santiago Calatravia. Ingenieur-Architektur. Birkhäuser, Basel etc.

Borelli JA (1685) De motu animalium. Angeli Barnabi, 2. ed Ludg Batav Neudruck: Akad Verlagsges Leipzig (1927)

Brill C, Mayer-Kunz P, Nachtigall W (1989) Wingprofile data of a free-gliding bird. Naturwissenschaften 76: 39–40

Bühler P (1972) Zum Leichtbauprinzip bei Organismen. Mitt d Inst F Leichte Flächentragwerke, Univ Stuttgart, 4, 40–51

Castanet J, Gasc JP, Renous S (1983) Surface à coefficient de frottement directionnel. Prevet francais 8301243 (27.1.83)

Cayley G (1809, 1810) On aereal navigation (parts I, II, III). Nicholson's Archiv 24, 25, 26

Coineau Y, Kresling B (1987) Les inventions de la nature et la bionique. Hachette, Paris

Cordes S (1994) Konzeption und Realisierung einer flexiblen Steuerungsarchitektur für eine sechsbeinige Laufmaschine. Diplomarbeit Forschungszentrum Informatik, Univ. Karlsruhe

Cruse H et al. (1996) Coordination in a six-legged walking system. Simple solutions to complex problems by exploitation of physical properties. In: Pattie Maes et al. (eds) From animals to animats 4, MIT Press, pp 84–93

Di Bartolo C (1996) Methodology of bionik design for innovation design. In: Nachtigall W, Wisser A (Hrsg) Technische Biologie und Bionik 3. 3. BIONIK-Kongreß Mannheim 1996, BIONA-report 10, 23–31, Fischer, Stuttgart

Dürr H (1989) Artifizielle Photosynthese. Magazin Forschung Univ d Saarlands 1/89: 61–67

Durner H, Birkner H (eds) (1995) Lernen von der Natur. Studientag der 11. Klassen des Gymnasiums Unterhaching. Hintermayer, München

Dylla K, Krätzner G (1977) Das biologische Gleichgewicht. Quelle und Meyer, Heidelberg

Grätzel M (1994) Entwicklung neuartiger Solarzellen auf der Grundlage farbstoff-sensiblisierter nannokristalliner Halbleiterfilme. Forschungsbericht ETH, Lausanne

Francé RH (1919) Die technischen Leistungen der Pflanzen. Veit & Co., Leipzig

Giacomelli R (1936) Gli scritti Leonardo da Vinci sul volo. Bardi, Roma

Gibbs-Smith CH (1962) Sir George Cayley's aeronautics. Science Museum, London

Gießler A (1939) Biotechnik. Quelle & Meyer, Leipzig

Hall D (1960) Ein Interview mit Henry Moore. In: Horizont 3, Nr. 2

Hecker HD (1969) Der Hörsaal des Zoologischen Instituts der Universität Freiburg. Freiburger Universitätsblätter 25, VIII

Hedgecoe J (1968) Henry Spencer Moore

Helmcke G (1972) Ein Beispiel für die praktische Anwendung der Analogieforschung. Mitt Inst Leichte Flächentragwerke Univ Stuttgart (IL) 4, 6–15

Hertel H (1963) Biologie und Technik. Struktur-Form-Bewegung. Krausskopf, Mainz

Herzog T (1992) Bauten/Buildings 1978–1992. Ein Werkbericht. G Hatje, Stuttgart

Heywang H (1989) Intelligente Sensorsysteme in der Natur. Physik in unserer Zeit 20 (2) 40–47

Ishay J (1992) Photovoltaic effects in the oriental hornet *Vespa orientalis*. J Insect Physiol 38 (1) 37–48

Kesel A, Philippi, M, Nachtigall W (1995) Einfluß des 3-D-Profils auf die Statik des Insektenflügels. Verh Dtsch Zool Ges 88 (1) 165

Kirschfeld K (1981) Mit Flußkrebsaugen ins Weltall blicken. Augen mit Spiegeloptik. Ein biologisches Vorbild für Röntgenteleskope. MPG Spiegel 1: 38–39

Klein BM (1966) Duftschuppen bei Schmetterlingen. Mikrokosmos 55, 82–86

Kramer MO (1960) The dolphin's secret. New Scientist 7: 1118–1120

Kresling B (1992) Folded structures in nature-lessons in design. In: Proc Int Symp. Natürliche Konstruktionen Stuttgart 1991, Part 2, 155–161. Publ. SFB 230, Stuttgart

Kummer B (1957) Biomechanik des Säugerskeletts. In: Kükenthal W: Handbuch der Zoologie 6. De Gruyter, Berlin

Küppers U, Aruffo-Alonso C (1995) Verpackungsbionik: Umweltökonomische Optimierung technischer Verpackungen. In: Nachtigall W (Hrsg) Technische Biologie und Bionik 2. 2. BIONIK-Kongreß Saarbrücken 1994, BIONA-report 9, 171–175. Fischer, Stuttgart

Leonardo da Vinci (1505) Sul volo degli uccelli. Firence

Loder I (1975) Messung des Strömungswiderstands von Blut für verschiedene Hämatokritwerte. Studienarbeit Fachgebiet Bionik und Evolutionstechnik, TU Berlin

Lüscher M (1955) Der Sauerstoffverbrauch bei Termiten und die Ventilation des Nestes bei Macrotermes nataliensis (Haviland). Acta Tropica 12: 289–307

Mattheck C (1993) Design in der Natur. Der Baum als Lehrmeister. Rombach, Freiburg

Mattheck C, Breloer H (1993) Handbuch der Schadenskunde von Bäumen. Rombach, Freiburg.

Nachtigall W (1971) „Technische" Konstruktionselemente in der Biologie. Umschau 1971/Heft 26: 966–970

Nachtigall W (1974) Phantasie der Schöpfung. Faszinierende Entdeckung der Biologie und Biotechnik. Hoffmann und Campe, Hamburg. Holländische Ausgabe (Fantasé van de schepping) Meulenhoff, Baarn 1976. Taschenbuchausgabe Heyne, München 1983. Französische, aktualisierte Ausgabe (unter Mitarbeit von A. Bourgrain-Dubourg und B. Kresling) La nature réinventée. Plon, Paris 1987

Nachtigall W (1977) Funktionen des Lebens. Physiologie und Bioenergetik von Mensch, Tier und Pflanze. Hoffmann und Campe, Hamburg

Nachtigall W (1979) Unbekannte Umwelt. Die Faszination der lebenden Natur. Hoffmann und Campe, Hamburg

Nachtigall W (1982) Werkstoffe und Leichtbauweisen in der Natur. In: Verein Deutscher Ingenieure (Hrsg) Verbundwerkstoffe und Werkstoffverbunde in der Kunststofftechnik, 1–25, VDI Verlag, Düsseldorf

Nachtigall W (1984): Erfinderin Natur. Konstruktionen der belebten Welt. Rasch und Röhring, Hamburg, Zürich

Nachtigall W (1986) Konstruktionen. Biologie und Technik. VDI Verlag, Düsseldorf

Nachtigall W (1995): Zum Optimierungsbegriff in der Biologie. Ableitung, Ansatzmöglichkeiten, Aussagegrenzen. In: Teichmann, K., Willke, J. (eds): Prozeß und Form natürlicher Konstruktionen. Ernst & Sohn, Passau

Nachtigall W (Hrsg) (1992) Technische Biologie und Bionik 1. 1. BIONIK-Kongreß, Wiesbaden. BIONA-report 8, Fischer, Stuttgart

Nachtigall W (Hrsg) (1995) Technische Biologie und Bionik 2. 2. BIONIK-Kongreß, Saarbrücken. BIONA-report 9: Fischer, Stuttgart

Nachtigall W (1994) Form creation and bionics: biologic design. Temes de Disseng. Servei des Publicacions, Elisava 10, 155–160

Nachtigall W (1997) Bionik-Design. Saarbrücker Hefte 77, 40–47

Nachtigall W, Rummel G (1996) Ventilation of termite nests, insulation principle of a polar bear's skin, ventilation through pores in buildings above ground. Proceedings 4th European Conference on Solar Energy in Architecture and Urban Planning, paper P 1.9, pp 1–3

Nachtigall W, Warnke U (1992) Bionik: Lernen von der Natur. Eine Ausstellung. In: Verband für Bionik (Hrsg) Die kleine Einführung in die Bionik 5–103

Nachtigall W, Wisser A (1996) Technische Biologie und Bionik 3. 3. Bionik-Kongreß, Mannheim. BIONA-report 10: Fischer, Stuttgart

Nachtigall WW, Wisser A, Wisser C (1986) Pflanzenbiomechanik. Konzepte SFB 230 der DFG, Heft 24, Stuttgart

Neumann D (Hrsg) (1993) Technologie-Analyse Bionik. Analyse und Bewertung zukünftiger Technologien. VDI Technologiezentrum Physikalische Technologien, VDI Verlag, Düsseldorf

Otto F (1971) Biologie und Bäume, Teil 1. Mitt. Inst. Leichte Flächentragwerke Univ Stuttgart 3, 6–18

Pfeiffer F, Cruse H (1994) Bionik des Laufens – technische Umsetzung biologischen Wissens. Konstruktion, Bd 46: 261–266

Pflugfelder O (1968) Eine „moderne" Konstruktion: Leichtbauweise bei Stacheln von Säugetieren. Mikrokosmos 57: 193–196

Post M (1996) Bionik-Design. In: Nachtigall W, Wisser A (Hrsg) Technische Biologie und Bionik 3. 3. BIONIK-Kongreß Mannheim 1996, BIONA-report 10, 213–214, Fischer, Stuttgart

Rechenberg I (1973) Evolutionsstrategie – Optimierung technischer Systeme nach Prinzipien der biologschen Evolution. Fromann-Holzboog, Problemata 15. Folgeband: Evolutionsstrategie 94. Werkstatt-Bionik und Evolutionstechnik. Band 1. Fromann-Holzboog, Stuttgart (1994)

Rechenberg I (1994) Photobiologische Wasserstoffproduktion in der Sahara. Fromann-Holzboog, Stuttgart

Reif W E (1981) Oberflächenstrukturen und -skulpturen bei schnell schwimmenden Wirbeltieren. In: Reif W E (Hrsg) Palaeontologische Kusbücher Bd. 1, Funktionsmorphologie, 141–157

Sander R (1956) Bau und Funktion des Sprungapparates von *Pyrilla perpusilla* WALKER (Homoptera-Fulgoridae) Zool J b Anat 75: 383–388

Schlüter G, Röck S: Luftbewegungen: Wind machen … im Wind stehen … Wind spüren. Projektskript für Studierende ab dem 5. Semester, Hochschule der Künste, Berlin (WS 1992/93)

Schuhn W et al. (1995) Schwingflossenantrieb für ein Tretboot nach biologischem Vorbild. Zitiert in: Rundschr Ges f Technische Biologie und Bionik 15: 4

Schwefel HP (1968) Experimentelle Optimierung einer Zweiphasen-Düse. Bericht 35 des AEG Forschungsinstituts Berlin zum MHD-Staustahlrohr

Strasburger E, Noll F, Schenck H, Schimper AFW (1978) Lehrbuch der Botanik für Hochschulen. 31. Auflage, bearbeitet v Denffer, Ehrendorfer, Mägdefrau, Ziegler. Fischer, Stuttgart New York

Szodruch J (1991) Riblets: Haarfeine Rillen verringern den Reibungswiderstand von Flugzeugen. Spektrum d Wiss 12/1991: 41–46

Thanbichler A (1995) Erfahrungen aus der AG Bionik. In: Durner H, Birkner H (Hrsg) Lernen von der Natur. Studientag der 11. Klassen des Gymnasiums Unterhaching. Hintermayer, München

Grassé PP (Hrsg) Traité de Zoologie. Zahlreiche Bände, ab 1948. Masson & Cie, Paris

Tributsch H, Goslowsky H, Küppers, Wetzel H (1990) Light collection and solar sensing through the polar bear pelt. Solar Energy Materials 21: 219–236

Verband für Bionik (1992) Die kleine Einführung in die Bionik. Taufkirchen, Selbstverlag

Vester F (1972) Design für eine Umwelt des Überlebensform 60/IV

Vogel S (1978) Organisms that capture currents. Scientific American 239 (2) 128–129

Vogt K (1975) Zur Optik des Flußkrebsauges. Z Naturforschung 30c: 692

Vogt K (1977) Raypath and reflection mechanisms. In: Crayfish Eyes. Z Naturforschung 32 c: 466–468

Waite H, Benedict C (1992) Bericht über Wundheilung in: Ärztezeitung 2

Warnke U (1993) Photon-Phonon-Transducer und autogene Emissions-Verstärker bei natürlichen Proteinstrukturen. In: Neumann D (Hrsg) Technologieanalyse Bionik: 107–116, VDI Verlag Düsseldorf

Weber H (1930) Biologie der Hemipteren. Eine Naturgeschichte der Schnabelkerfe. Springer, Berlin

Weitemeyer A, Kliesch H, Wöhrle D (1995) Unsymmetrically substituted Phthalocyamine derivates via a modified ring enlargement reaction of unsubstituted Subphthalocyamine: J Org Chem 60, 4900–4904

Anhang

Abbildungsnachweise

Die Abkürzung BIONA bedeutet Originalfoto, die Abkürzung Na bedeutet Originalzeichnung Nachtigall. Die Abkürzung AG Na bedeutet Arbeitsgruppe Nachtigall, Fachbereich Biologie, Universität des Saarlandes, 66041 Saarbrücken; soweit eruierbar ist der Bildautor oder die Herkunft der Ergebnisse jeweils angegeben.

Abb. 1:	Na
Abb. 2:	Na, nach Ergebnissen von Castanet, Gasc, Renous (1983).
Abb. 3:	Neumann (1994).
Abb. 4:	Borelli (1685).
Abb. 5:	Cayley (1889) aus Gibbs-Smith (1962).
Abb. 6:	Nachtigall, Wisser, Wisser (1986).
Abb. 7:	Nachtigall, nach Ergebnissen versch. Autoren.
Abb. 8:	Nachtigall (1986); BIONA.
Abb. 9:	Nachtigall (1986); BIONA.
Abb. 10:	Nachtigall (1986); BIONA.
Abb. 11:	Nachtigall (1986); BIONA.
Abb. 12:	Nachtigall (1986); BIONA.
Abb. 13:	Nachtigall (1986); BIONA.
Abb. 14:	Weber (1930), verändert.
Abb. 15	Nach Loder aus Rechenberg (in Vorb.).
Abb. 16:	Nach Bühler (1970), und nach Pflugfelder (1968), aus Nachtigall (1974).
Abb. 17:	Nachtigall (1974).
Abb. 18:	Nach Vogel (1978), aus Nachtigall (1979).
Abb. 19:	Nachtigall (1977).
Abb. 20:	Strasburger (31. Aufl. 1978).
Abb. 21:	Nach Dylla und Krätzner (1977), verändert aus Nachtigall (1983).
Abb. 22:	Nach Reif (1981) und nach Bechert (1993).

Abb. 23: Nach Bechert et al. aus Szodruch (1991).
Abb. 24: Nach Vogt (1975) und nach Kirschfeld (1981).
Abb. 25: Nach Lüscher (1955) und nach Tributsch (1990).
Abb. 26: Nach Rummel, AG Na (1995).
Abb. 27: Nach Berthlott (1997).
Abb. 28: Nach Berthlott (1997).
Abb. 29: Nach Hecker (1969).
Abb. 30: Na
Abb. 31: Na
Abb. 32: Nachtigall (1971).
Abb. 33: Nachtigall (1971).
Abb. 34: Nachtigall (1971).
Abb. 35: Nach Nachtigall (1971); B basierend auf Sander (1956).
Abb. 36: Nachtigall (1971), basierend auf mehreren Autoren.
Abb. 37: Zusammengestellt aus Nachtigall (1974), basierend auf mehreren Autoren.
Abb. 38: Nach Strasburger (31. Aufl. 1978).
Abb. 39: Nach Klein (1966) aus Nachtigall (1974).
Abb. 40: Nach Traité de Zoologie.
Abb. 41: Nach Kummer (1972).
Abb. 42: Nach Bahadori (1978).
Abb. 43: Nach Calatrava aus Blaser (1989). – Abb 44: Na; nach verschiedenen Autoren.
Abb. 45: Nach Herzog (1992), ergänzt.
Abb. 46: Na; nach verschiedenen Autoren.
Abb. 47: Nach Glaser (1971) und nach Kramer (1960), verändert aus Nachtigall (1974).
Abb. 48: Nach Schuhn (1995.), AG Na.
Abb. 49: Nach Brill, Mayer-Kunz, Nachtigall (1989), AG Na.
Abb. 50: Nach Cordes (1993), aus Bappert et al. (1996).
Abb. 51: Nach Pfeiffer aus Durner/Birkner (1995).
Abb. 52: Nach Pfeiffer aus Durner/Birkner (1995).
Abb. 53: Nach Ishay (1992), verändert.
Abb. 54: Nach Grätzel (1994), aus Bappert et al. (1996).
Abb. 55: Nach Warnke aus Neumann (1993).
Abb. 56: Nach Schwefel aus Rechenberg (1973).
Abb. 57: Nach Mattheck (1993).
Abb. 58: Nach Mattheck (1993).
Abb. 59: Nach Mattheck und Breloer (1994).
Abb. 60: Nach Post in Nachtigall, Wisser (eds.) (1996).
Abb. 61: Nach Di Bartolo in Nachtigall, Wisser (eds.) (1996).
Abb. 62: Nach Di Bartolo in Nachtigall, Wisser (eds) (1996).
Abb. 63: Nach Küppers und Aruffo-Alonso, in: Nachtigall (Hrsg) (1995).
Abb. 64: Nach Schlüter und Röck (1992/1993).
Abb. 65: Na
Abb. 66; Na
Abb. 67: Na
Abb. 68: Na
Abb. S.131: links: Reng (1967) aus Nachtigall (1974)
Abb. S.132–137: Basierend auf Nachtigall und Warnke, in Vb. Bionik (Hrsg) (1992), verändert.

Farbtafeln

1–8:	BIONA.
9:	r.o. Mattheck (1993), Rest BIONA.
10:	Toyota-Firmenzeitschrift.
11:	BIONA
12:	o. Fachfoto, u. BIONA.
13–16:	BIONA

Anmerkungen

1. Allgemein verständlich geschriebene Literatur zum Problemkreis „Lernen von der Natur" ist nicht allzu dick gesät. Das Buch von Hertel (1963) und die verschiedenen Auflagen und Ausgaben von Nachtigall (1974) u. a. sind vergriffen. Eine gute Einführung geben Coineau und Kresling (1987). Nicht im Buchhandel erhältlich sind 2 reich illustrierte Bücher des Pro Futura-Verlags GmbH, 80738 München, Postfach 430853, von denen das zweite (Anonymus 1993) noch nicht vergriffen ist. Hingewiesen sei hier auch auf die Vorlesungen von I. Rechenberg (Publ. in Vorb.).

2. Bionikkonzepte können seit einiger Zeit auch vom BMBF gefördert werden; sie laufen über das VDI Technologiezentrum, Graf-Recke-Str. 84, 40239 Düsseldorf.

3. Früher wurde „Technische Biologie" als „Biotechnik" bezeichnet: Francé (1919), Gießler (1939), Nachtigall (1974). Mit dem Aufblühen der Mikrobenzucht und der Molekulargenetik wurde dieser Begriff andersweitig belegt, so daß eine Umbenennung nötig war.

4. Die Analogiebetrachtung war ein Grundkonzept des langjährig bestehenden Sonderforschungsbereichs 230 „Natürliche Konstruktionen" an den Universtäten Stuttgart und Tübingen mit Beteiligung von Saarbrücken. Es ist eine große Zahl von Publikationen entstanden, insbesondere in den Berichten des „Instituts für Leichte Flächentragwerke" (Universität, Stuttgart, Pfaffenwaldring 14).

5. Die Fotos stammen aus meinem 1986 erschienenen Band „Konstruktionen", in denen rasterelektronenmikroskopische Aufnahmen und Makroaufnahmen von biologischen und technischen Gebilden einander gegenübergestellt sind (vergriffen).

6. Darüber berichtet besonders die Zeitschrift „Sonnenenergie" (Zeitschrift für regenerative Energiequellen und Energieeinsparung), Augustenstr. 79, 80333 München).

7. Diese Themen, die hier nur marginal interessieren, sind in den Büchern von Prof. F. Vester ausführlich abgehandelt.

8. Für ihre beispielhaften Analysen zur fluidmechanischen Wirkung des Riblet-Effekts (analog den Haischuppen) haben D. W. Bechert und seine Mitarbeiter G. Hoppe, M. Bruse und W. Hage den 1. Bionik-Preis (vergeben anläßlich des 1. Bionik-Kongresses der Gesellschaft für Technische Biologie und Bionik, Wiesbaden, Juni 1992), gestiftet vom Verband für Bionik, Werzinger, Taufkirchen, erhalten.

9. Für diese Konzepte haben G. Rummel und ich den Fritz-Bender-Baupreis 1996 erhalten, den ich als Promotionsstipendium zur Weiterbearbeitung dieses Themas ausgebracht habe.

10. Besonders bekannt geworden sind die „Leichten Flächentragwerke" des Stuttgarter Architekten Frei Otto. Dieser sieht den Komplex „Natur und Technik" eher so, daß die Biologen durch Übertragung technischer Ergebnisse lernen können.

11. Der Beitrag „ursprünglicher Zivilisationen" zur Frage der Behausungen ist nicht hoch genug einzuschätzen; hierüber existiert vielfältige Literatur.

12. Der schwierige Bau geometrisch identischer Vogelmodelle mit austauschbaren Teilen wurde in unserer Arbeitsgruppe insbesondere von Wedekind, Gesser und Kockler bewerkstelligt. Rümpfe von fliegenden Vögeln wurden als Optimierungsanregung für das Kraftfahrzeugdesign eingebracht.

13. Anschrift: Prof. Dr. Ing. I. Rechenberg, Bionik und Evolutionstechnik, Technische Universität, Ackerstraße, 10115 Berlin.

14. Anschrift: Prof. Dr. H. Schwefel, Lehrstuhl für Systemanalyse, Universität Dortmund, Postfach 500 500, 44227 Dortmund

15. Anschrift: Prof. Dr. Ing. C. Mattheck, Forschungszentrum Karlsruhe GmbH, Postfach 3640, 76021 Karlsruhe.

16. Anschrift: Prof. Gerhard Schlüter, Sabine Röck, Hochschule der Künste, Bionik-Design, Hardenbergplatz, 10623 Berlin.

17. Anschrift: Gesellschaft für Technische Biologie und Bionik, 1. Vorsitzender Prof. Dr. rer. nat. Werner Nachtigall, Fachbe-

reich Biologie, Universität des Saarlandes, 66041 Saarbrücken, Tel.: 0681–302 2411, Fax: 0681–302 2461. Die Gesellschaft steht interessierten Einzelpersonen und Firmen (Einzelpersonen DM 30,–/Jahr, Firmen DM 200,–/Jahr) offen. Drei Rundschreiben pro Jahr; Kongresse und Tagungen. Kündigung jederzeit durch eingeschriebenen Brief.
In Schweden gibt es eine „Association for Ecological Design" die sich ähnliche Aufgaben gesetzt hat wie unsere Gesellschaft: Technische Gebilde sollten nach ökologischen Prinzipien geformt werden. Die Organisation wurde 1982 gegründet und hat heute Mitglieder in 42 Ländern. Seit 1989 gibt es eine Zweigorganisation in Ungarn und in England. Kontaktanschrift: Stefan Bartha, P.O. Box 27, S.23300 Svedala, Sveden

18. Die beiden ersten großen Bionikausstellungen im deutschsprachigen Gebiet hat die Siemens AG unter maßgeblicher Mitarbeit von H. Heywang in mehreren deutschen Städten gezeigt. Im französischsprachigen Bereich haben J. Coineau und B. Kresling eine Ausstellung mit Objekten und Tafeln konzpiert. Die bisher letzte Bionik-Ausstellung fand 1996 unter beratender Mitwirkung der Gesellschaft für Technische Biologie und Bionik am Landesmuseum für Technik und Arbeit in Mannheim statt. Der Ausstellungskatalog, herausgegeben von Bappert et al., ist noch zu erhalten. Kontaktanschrift: 68165 Mannheim, Museumsstr. 1.

19. Kontaktanschrift: Michael Post, Bionikdesign, Postfach 1426, 88464 Laupheim.

20. Kontaktanschrift: Prof. Dr. Carmelo Di Bartolo, Istituto Europeo di Design, via A. Sciesa 4, 20135 Milano, Italia

21. Kontaktanschrift: Dr. Ing. U. Küppers, Bionik-Systeme, Postfach 220, 14526 Stahnsdorf

22. Kontaktanschrift: Dipl. Arch. Biruta Kresling, Bionics & Experimental Design, 170 Rue Saint Charles, 75015 Paris, France

Sachverzeichnis

A

Abfallanhäufung 32
Abfallvermeidung 53
Abgestimmtsein, funktionelles 20
Abschattung, jahreszeitliche 85
Adidas 117, 118
Airbus A 340-300 36
Algenskelette, implantierte 51
Altiranische Architektur 81
Analoga F18
Analoge konstruktive Elemente 12
Analogieforschung 1, 11, 127, 137
Analogien 54
Analyse, problembezogene 128
Anforderungskatalog 127
 – Technische Biologie und Bionik 114
Angel, R. 38
Anklammern 20, 74
Anklemmen 74, 75
Ansaugen 15
Antennenpigmente 30
Antirutschbelag 4
Antirutschstrukturen 118
Antriebseffizienz F18
Aquila chrysaetos 26
Architektur, Formensprache 82
Arretiermechanismen 59
Atemtrichter 49
ATP 29, 30
Aufwärmen 27
Ausbildungsrichtung, Technische Biologie
 und Bionik (TBB) 114
Ausformung, funktionelle 77
Ausrichtung zur Sonne 85
Autoreparabilität 78

B

Bändchenmikrophon 87
Bandwürmer 74
Bannasch F19
Barba-Kicksches Gesetz 12
Bartha, St. 151
Barthlott, W. 43
Baubionik 5
Bauchschuppen Schlange 4
Baukonstruktion 31
Baumbruch 110
Bäume, Schlankheitsgrad 13
Baumgabel 107
Baumkrone 55
Bauteildesign nach dem Vorbild Baum 107
Bauten, natürliche 85
Bautenlüftung 28
Bechert, D. 35, 150
Beineinklappen 16
Beinkoordination, Stabheuschrecke 96
Bernoulli-Prinzip 28, 80
Beschleunigungsaufnehmer 87
Besenhalter 14
Besenstielklemme 59
Betonrippenleichtbau 48
Bewegungskonstruktion 55
Beziehungsschemata, ökologische 33, 34,
 54
Biegeschwingungsamplitude 91
Biegespannung 67
Bienenwabenstrukturierung 48
Bildverstärkung 38
Binse F19
Binsenmark 66
Biogene Gestaltungs-Konzepte 82

Biokompatible Implantate 51
Biologie, Technik 3
Biologiehörsaal, Universität Freiburg 48
Biologische Bauten 80
Biomaschine Stabheuschrecke 95
Biomedizinische Technik 102
Biomembran 30
Bionik in Firmen 120
Bionik und Design 6
Bionik und Evolutionstechnik Berlin
   150
Bionik, Antipode der Technischen
   Biologie 3, 4
   –, Ausbildung an Hochschulen 113
   –, Begriff 132
   –, Definition 1, 2
   –, Denkweise 113
   –, Entwicklung eines Konzeptes 117
   –, kein Allheilmittel 138
   –, keine Naturimitation 138
   –, Kunsterziehung 113
   –, naturnaher Systemansatz 138
   –, Öffentlichkeitsarbeit 115, 116
   –, Philosophieunterricht 113
   –, Problemkreis 2
   –, Querverbindungen 3
   –, Schule 111
   –, Stufen der Zusammenarbeit 129
   –, Teilgebiete 5
   –, Vorgehensweise 8, 127
   – -Bücher 149
   – -Design 132-137
      – – in Stichworten 47
      – – von Oberflächen 44
      – –, Definition 6
      – –, Laupheim 120
      – –, Lösungen 47
      – –, Schulunterricht 111
Bionikkurse in Schulen 112
Bionisch beeinflußte technische Lösung
Lösung 130
Bionische Kinematik und
   Dynamik 5
Bionische Prothetik 5
Bionische Robotik 5, 88
Bionisches Design 21, 65
   –, 10 Gebote 21
   –, Definition 6
Bionisches Übertragen 35
Biosensoren 51
Biotechnik 10??
Blatt, grünes 52
Blattknospen F20
Blutzähigkeit 23
Bohrraspel 17, 18
Borelli, J.A. 7
Borstenhaare 70

C

Calatrava, S. 81
CAO 109
Carabus violaceus F18
Carausius morosus 94
Castanet, J. 4
Cayley, Sir G. 8
Cayley-Fallschirm 8
Cetonia aurata 71
Chitin 24
   –, Baustoff 25
Chlamydomonas mexicana 101
Chlorophyll 29
Ciconia ciconia F19
Climatron 55
CO_2-Reduktion 29
Coineau, I. 151
Compacta 79
Computerunterstützte
   Optimierungsverfahren 108
Coracoid 66, 67
Crista sterni 66
Cruse, H. 94, F18
Curry, M. 47
C_W-Wert 56, 63
Cynomys 28

D

Dämpfungsflüssigkeit 89
Datenaufnahme 87
Daumenfittich 47
De motu animalium 7
Dehnungsmeßstreifen 87
Delphin 47
   –, Unterhaut 89
Delphinhaut 4789, 90
   –, künstliche 89
Delphinkopf 47
Dendrobium nobile 53
Design und Schönheit 64
Design, biologisches 61, 62
   –, bionisches 6
   –, Definition 61
   –, Güte 63
   –, gutes 60, 131
   –, natürliches 110
   –, optimales 62
   –, praktikables 6
   –, technisches 62
   –, unfunktionelles 133
   –, Entwurf 121
Designkonzept Regeln 95
   – Steuern 95
Designwerkstätten 120
Detailbericht, gewerteter 42
Di Bartolo, C., Milano 151, 122
Diatomeen 76

Diatomeenschalen 54
Dickenverteilung, Starenflügel 92
Diplomarbeit Technische Biologie und
  Bionik 114
Doppeltier 74
Dornen-Gruben-System 69
Dragopogon orientale 8
Drehschwingungsamplitude 91
Druckholz 110
Druckknöpfe 59
Druckstab 66
Druckwiderstandsbeiwert 56, F19
Drug-design 6
Durner, H. 111
Dürr, H. 100
Dyschirius 18, 19
Dytiscus marginalils 16

E

Einfach-indirekte Nutzung 28
Einrastmechanismen 74
Einzelelement, Maximierung 23
Eisbärfell 40
  –, Lichtfalle 39
Elastizität 24
  – im Tierreich 118
Elefantenrüssel F20
Elefantenschädel 55, 69. F20
Elemente, analoge konstruktive 12
Energetische Aspekte 21
Energiebereitstellung 52
Energiedilemma 97
Energieeinsparung 21, 26, 97
Energiespeichersubstanz, biologische
  29
Entwicklung 33
Entwurfsauftrag 42
Erdkühlungnutzung 85
Erdwärmenutzung 85
Eselspinguin 56, F19
Eßbare Verpackung F18
Evolution 18, 19, 50, 105
Evolutionsbionik 5
Evolutionsstrategie 33, 34, 50, 105

F

Fachwerk 77
  –, submikroskopisches 76
  – konstruktion 55
Fahrzeugdesigner, Naturanregung 88
Fallschirmform 63
Faltkonstruktion 56
Faltmechanismen F20
Faltstruktur 83
Faltwerkprinzip 15
Falzverbindung 71
  –, biologische 71

Fangbeine 73
Feldbahn 69
Feldbahnkupplung 70
Fensterrosette, gotische 131
Fernsehturm 11, 137
Filigrankonstruktion 55
Fischadler 26
Fischmaul F17
Fliegen 92
Fliegenei 25
Fließvermögen, Blut 23
Flossen, elastische 91
Flügeldecken 71
Flügeldesign F19
Flügelenden F19
Flügelklemmung 14
Flügelkopplung bei Wanzen 59
Flügelprofil 93
Flugzeugflügel 93
Flußkrebs, Auge 37
Focksegel 47
Fokussierung von Röntgenstrahlen 38
Forelle 91
Form und Funktion 59
Formanalogie F20
Formen der Natur 80
Formen, funktionelle 14
    -sprache der Architektur 82
    -vergleich 18
Formmanipulation 62
Formvergleich 127
Formvorbilder aus der Natur 83, 84
Forschung und Anwendung 42
Fortschritt und Rückgriff 37
Francé, R.H. 9, 149, F18
Freiheitsgrade 69
Frischluftzufuhr 40, 41
Frucht, Johannisbrotbaum F17
Fühlerbürste 18
Fühlerputzapparat 19
Fuller, B. 55, 84
Funktionelle Ausformung 77
Funktionelle Morphologie 61
Funktionsanalogie F20
Funktionsvergleich 127

G

Ganzes, Optimierung 23
Gasc, J.-P. 4
Gasdurchtritt 25
10 Gebote bionischen Designs 62, 76, 97
Gegenbiegung 55
Gegengewicht 55
Gegenüberstellung 127
Gelbrandkäfer 16
Geradführung durch Zahnscheiben-
  sektoren 72

Geräteantrieb F19
Gerris F19
Gesellschaft für Technische Biologie und
  Bionik 115, 150
Gesser, R. 150
Gestaltungsanregungen der Natur 81
Getreidehalm 12
Gießler, A. 10??, 149
Gleitflug des Staren F18
Gleitführung 16
Glukose 30
Gottesanbeterin 73, 74
Grabbein F20
Graphosoma italicum 69
Grashalm 11, 137
Grätzel, M. 100
Grätzel-Zelle 100, 101
Gray, J. 89
Gray-Paradoxon 89, 90
Greifarm, effizienter 88
Greifbeine 73
Greiffüße 26
Greifzangen 73, 74
Grenzschichtschwingung 89
Grundelemente des Maschinenbaus 65
Grundlagenforschung 129, 134
  –, problembezogene 128
  –, vergleichende 128
Grundprinzipien natürlicher
  Konstruktionen 21, 62
Gruppe Bionik-Design 126
Gütegrad 1

H

Haarmilbe 74
Haarrisse 78
Haftverbindung F20
Haischuppen 36
  –, Riefen 35
Hakenkränze 74
Haken-Saugnapf-Kombination 74
Haltbarkeit 31
Hämatokrit 63
  –, Blut 23
Handkäfer 18, 19
Hauptfachanforderungen Technische
  Biologie und Bionik 114
Hauptfunktion 22
Haustaube, Brustmuskel 66
  –, Schultergürtel 66
Helmcke, G. 11
Heracleum mantegazzianum F19
Hertel, H. 83
Herzog, Th. 82, 85
Heywang, H. 116
Histeridae 16
Hochschule der Künste, Berlin 115

Holzzelle 76
Hornisse F18
  –, orientalische 99, 100
Hornsubstanz 25
Hörsaal Biologie, Universität Freiburg 48
Hydroxylapatit 51

I

Immobilisierungseinrichtung 74
Implantate, biokompatible 51
Industrieprodukte 121
Industrieschornstein, schlankster 13
Induzierte Strömung 28
Informationsbionik 5
Insektenbein F20
Insektenflügel 15, 56, 93, F19
Insektenlaufmaschine 95
Institut für Leichte Flächentragwerke 149
Instituto Europeo di Design, Milano 122
Integrative Bauweise 118
Interaktion Biologie-Technik 130
Interdisziplinarität 35
Iran, Baukultur 28
Ishay, J. 99
Iteration 42

J

Johannisbrotbaumfrucht F17

K

Käfer F18
Kalziumaustausch 79
Kamelnasenfilter 48
Kamelnasenprinzip 49
Kantenaufteilung 49
Kapselstreuerpatent F18
Kapuzinerkresse 43
Keratin 102
Kerbe ohne Kerbspannung 107, 108
Kerbspannung 107
Kesel, A. 93
Kinematische Kette, Prinzip F17
Kinematische Konstruktion 56
Klammerbeine 73
Klappkonstruktion 59
Klatschmohn F18
Kleinlüfter 93
Klemmhalter 14
Klemmkonstruktion 59
Klettband 134
Klettfrüchte 134
Klima- und Energetobionik 5
Klimatechnik 52
Klosettbürste 18
Knochenbälkchen 48
Knochengewebe 78
Knochenmaterial 79

Knochenschrauben 109
Knochenspongiosa 48, 55
Knochenstruktur 79
Kockler, R. 150
Kofferfisch F19
Kohlrabiblatt 43
Kolben 22
Komposit-Oberfläche 43
Kongresse der Gesellschaft für
    Technische Biologie und Bionik 115
Konstruktion, additive 22
    –, integrierte 22
    –, kinematische 56
    –, natürliche 21
Konstruktionsbionik 5
Konstruktionselemente 65, 73
Konstruktionsmorphologie 19, 61
Körper gleichen Widerstands gegen
    Biegung 110
Körper gleicher Festigkeit 55
Kramer, O. 89
Krebsaugen-Spiegeloptik 38
Kresling, B., Bionique et Design, Paris
    125, 151
Kristallkegel 38
Küchenschabe 95
Kugellager aus Eiweißmolekülen
    102
Künstlerische Gestaltung 86
Künstliche Delphinhaut 89, 90
Künstliche Photosynthese 29
Künstliche Stabheuschrecke 96, 98
Künstliche Wurzeln 123, 124
Künstlicher Lotsenfisch 89
Kuppeldach 80
Küppers, U., Bionik-Systeme Berlin
    124, 151
Kupplung 69, 70

L

Land, M. 38
Landesmuseum für Arbeit, Mannheim
    115
Landwanze 14
Laubfroschzehen F20
Laufen 94
Laufkomfort bei Sportschuhen 117
Laufmaschine 94, 95, F18
    –, sechsbeinige 96
Lavaldüse 106
Le Ricolais, R. 55
Legebohrer 17, 18
Leichtbau F17
    –, extremer 66
    –, konsequenter 85
    –, Prinzip 55
    – konstruktion 55

Leichtmetallfelgen 109
Leim aus Muscheln 49
Leimadorphys 4
Leistungsaufnahme 91
Leonardo da Vinci 9
Lichtfalle im Eisbärfell 40
Lichtnutzung, jahreszeitliche 85
Lichtreaktion 100
Lichtstärke 39
Liebespfeile 77, 78
Limitierung, zeitliche 31
Linearität 33
Locomotive-Center, Warren, Michigan 94
Lokomotive, Schubkurbelgetriebe F17
Los Manatides 54
Lösungen durch Bionik-Design 47
Lotsenfisch, künstlicher 89
Lotus-Blatt 43
Lotus-Effekt 43, 44
Lüftung, passive 85
    , zugfreie 41
Lüscher, M. 39

M

3M 36
Macrotermes bellicosus 39
Magnetfeldtherapie 51
Magnetohydrodynamischer Effekt 105
Management, komplexes 53
Maschinenelemente 66
Materialbionik 5
Materialermüdung 49
Materialien 51, F19
    , biologische 74, 75
Mattheck, C. 107, 108, 150
Maximierung 63
    eines Einzelelements 23
Mechanisches Prinzip 20
Medizintechnik 50
Meeresradiolarie F17
Mehrfach-indirekte Nutzung 29
Mehrfachwalze 71
Mehrgelenkskelett 56
Mesembryanthemum crystallinum 83
Meßgerät 87
Metallblechfalzverbindung 71
Methanbakterien 53
Miesmuschel, Fußdrüse 49
Mikromorphologie 14
Modellexperiment 7
Modellgesetze 11
Mohnkapsel F18
Molinia coerulaea 13
Monofunktionalität 24
Moore, H. 86
Moostierchen 74
Mördermuschel 54

Multifunktionalität 24, 77
Multifunktionelle Werkzeuge F20
Muscheln als Formvorbilder 86
Musculus pectoralis major 66
Muskelkontraktion 23
Muskelzug 23
Mutation 19. 34, 50

N

Nachtigall, W. 40, 111, 114, 116, 147-150
Naturanalyse 7
Naturinspiration 133
Naturkopie 122
  –, direkte 80
Natürliche Konstruktionen 149
Natürliches Design 110
Naturübertragung 7
Nautilus-Schale 6, F20
Nebenfachanforderungen Technische
  Biologie und Bionik 114
Neinhuis, C. 43
Nelumbo nucifera 43, 44
Netzkonstruktion 54
Neurobionik 5
Niedrigenergiehaus 40
Nutzung, einfach-indirekte 28
  –, mehrfach-indirekte 29

O

Oberfläche, abweisende 44
  –, genoppte 45
Oberschenkel 79
Oberschenkelhals 68
Oberschenkelhalsoperation 88
Oberschenkelknochen 55
Ökosystem 53
Olfaktometer 51
Olympiastadion München F17
Ommatidien 37, 38
Ontogenese 105
Operationsschrauben 109
Optimalform 106
Optimalkonstruktion 63
Optimierung des Ganzen 23
Organisationsbionik 5
Orthopädische Schraube 109
Ortungskonstruktion 56
Osteonen 78, 79
Otto, F. 83, 84, 150, F17

P

Pandion haliaetus 26
Papaver rhoeas F18
Parallelführung 16
Patienten mit Luftröhrenschnitt 48
Paxton, Sir J. 84
Pedicillarien 73, 74

Pfeifengras 13
Pfeiffer, F. 94, F18
Phallus impudicus 31
Photolyse 99
Photon-Photon-Mikrotransducer 102
Photosynthese 29, 99, 135
  –, energetisches Design 30
  –, künstliche 29
  –, Primärreaktion 29
  –, Schema 29
  –, Sekundärreaktion 29, 30
  –, Summengleichung 29
  –, Wirkungsgrade 30
  – -membran 30
Photosynthetische Wasserstofftechnologie
  99
Photovoltaik F18
Photovoltaische Zellen 99
Pinguin 56
  –, Körpergestalt 89
Pneumatische Struktur 83
Population 34
Porenlüftung 41
Poröse Termitenbauten 40
Post, M. 120, 151
Präriehund 28, 80
Primärreaktion, Photosynthese 29
Prinzip statistischer Verhakung 134
Prinzipien der Evolution 105
Problembezogene Grundlagenforschung
  128
Proteinkonfiguration 102
Prothetik 87, 88
Prozeßbionik 5
Purpurbakterien 30, 101
Pygoscelis papua 56, F19
Pyrilla perpusilla 72, 73

Q

Quasarbeobachtung 39
Querturbulenzen 36

R

Rad 94
Radiolarien 55, 76
Radiolarienskelete 54
Raumkühlung 80, 81
Rechenberg, I. 101, 105, 113, 150
Recherche, problemorientierte 42
Recherchenauftrag, spezieller 129
Recyclingkette 53
Redoxketten 29
Reflexion, relative 103
Regeln 95
Regenbogenforelle 91, F19
Reibungsgeneratoren, richtungs-
  abhängige 4

Reibungswiderstand 36
Reif, E. 35
Rekombination 34
Renous, S. 4
Reynolds-Zahl 63, 93
Rezyklierbare Materialien F20
Rezyklierbarkeit, vollständige 79
Rezyklierung, totale 32
Rezyklierungszeit 33
Rhodopseudomonas capsulata 101
Ribletfolie 36
Riblet-Effekt 150
Riefenfolie 36
Riesenbärenklau F19
Riesengetreidehalm F18
Riesenherzmuschel, pazifische 68
Riesenholzwespe 17
Rindenwanze 22
Robotik 87, 88
Röck, S., Bionik-Design, Berlin 126, 150
Röhrensystem im Termitenbau 40
Röntgen-Kollimator 39
Röntgenteleskop 38
Rosenkäfer 71
Rückziehmuskel 22
Ruderfahrzeug 50
Ruder-Roller F19
Rummel, G. 40, 150
Rundbürste 18, 19
Rundkühlschrank 121
Rundschreiben der Gesellschaft für
    Technische Biologie und Bionik 115

S

Sandwichkonstruktion 55, F20
Sandwichmaterialien 51
Sauerstoffbindungskapazität 23
Säugerblut 23
Saugnäpfe 15, 16
Scapula 66
Schabe 95
  –, Subgenualorgan 87
Schaf, Hämatokrit 24
Schalenkonstruktion 54
Schalldämpfung 51
Schaltung, biologische 49
Scharfstellen 49
Scharniergelenk, biologisches 68
Schaufelradantrieb 90
Schillerfarben 77
Schlagflosse 91
Schlagflossenantrieb 90, F18
Schlagflossentretboot 50
Schlagflügel 9, 92
Schlankheitsgrad 13
Schlüter, G., Bionik-Design, Berlin 126,
    150

Schmeißfliege, Eischale 24
Schmetterlingsschuppen 76, 77
Schnecken 77, 78
Schockabsorption im Tierreich 118
Schub 91
Schule, Bionik in der 111
Schultergürtel 66
Schuppenhai 35
Schwalbenschwanzführung 16
Schwefel, H.P. 106, 150
Schwein, Hämatokrit 24
Schwellenenergie 87
Schwellenleistung 87
Schwimmen 88
Schwingungsaufschaukelung 89
Seeigelstachel 131
Seestern 73, 74
Segelflugzeug 93
Sehenbänder 55
Seifenhalter 15, 16
Sekundärreaktion 30
Selbstorganisation 33
Selektion 19, 34, 50
Sensorbionik 5, 88
Sensoren 87, 88
Sicherheitsbodenbelag 124
Sicherungsflügel 70
Siemens AG 151
Siliziumdioxidschale F17
Sinnesorgan 87
Sitzen, flottierendes 123
Skelette 66, 76
Skelettkonstruktion 54
Sohle von Sportschuhen 118
Solar erzeugter Wasserstoff 101
Solare Wasserspaltung 135
Solarheizung 41
Solarzelle 99
Sonar 1
Sonarortungssystem 56
Sonderforschungsbereiche 149
Sonnenabsorber 135
Sonnenenergie,
    –, direkte Nutzung 27
    , indirekte Nutzung 27
Spannungstrajektorielle Rippen 48
Spezialsymposien der Gesellschaft für
    Technische Biologie und Bionik 115
Spiegelsystem, Krebsauge 37
Spinne, Haarsensillen 87
    , Spaltsinnesorgan 87
Spinnen 74
Spinnennetz 84, F17
Spongiosa 79
Sportgeräteantrieb 50
Sprungmuskel 72
Sprungwanze 72

Stabheuschrecke 94, F18
–, Beinkoordination 96
–, künstliche 96
Stabilität 24
Stachelschweinstachel 25
Star 92, 93
Statistische Verhakung 134
Staudruckprinzip 80
Steele, J.E. 1
Steinadler 26
Stephanopyxis 84
Sternparenchym F19
Steuern 95
Stichwortrecherche 42
Stickstoffmonoxid 50
Stimulationseinrichtung 77
Stinkmorchel 31, 32
Stinkmorchelschaft F20
Stoßdämpfende Elemente 118
Strahlungsenergie 30
Streichlinien 35
Stromlinien 35
Strömung, induzierte 28
Strömungsoptimierter Körper F19
Struktur und Funktion 15
Strukturbionik 5, 135
Studienarbeit Technische Biologie und
  Bionik 114
Studienaufbau Technische Biologie und
  Bionik 114
Stufenkopf, Delphin 47
Sturnus vulgaris 92
Stutzkäfer 16
Surfersegel F18

T

Taschenmesser 16
Taschenmesserprinzip 73
Technik und Biologie, Zusammenarbeit
  129
Technik, biomedizinische 102
Technische Biologie 3, 7, 9, 54, 108, 134,
  137, 149
  – und Bionik F18
Technische Lösung 130
Technische Universität Berlin 113
Technisches Klettband 134
Technologie-Analyse Bionik, Symposium 87
Technologische Entwicklungskette 129
Teilgebiete der Bionik 5
Telefonform F20
Temperaturgradientennutzung 85
Termite 39
Termitenbau 39, 40, 52
Thanbichler, A. 112, 113
Thema Bionik in der Schule 112
Thylakoidmembran 29

Tillandsia usneoides 53
Tintenfisch 74
Tonnendach 80
Toyota 50
Tragen 15
Tragestruktur 83
Tragkraft-Eigengewichtsverhältnis 94
Transparente Wärmedämmung 41
Transparentes Isolationsmaterial 40
Treibholz als Formvorbild 86
Treibstoffverbrauch 36
Tretboot 90, 91, F18
Tretbootantrieb 91
Tretbootflosse 91
Tributsch, H. 39

U

Ultraleichtmaterialien 76
Universität des Saarlandes, Saarbrücken
  114, 126
Unscharfe Logik 54
Unterzüge, trajektorielle 48
Urocerus gigas 17

V

VDI 2
VDI-Technologiezentrum 149
  –, physikalische Technologien 87
Ventil 22
Verband für Bionik 150
Verbindungen, mechanische 73
Verbindungstypen 73
Verfahrensbionik 5, 135
Vergleich, analoger 15
Vergleichende Grundlagenforschung 128
Verhaken 15
Vernetzung 24, 33
Verpackung F20
Verpackungstechnik F17
Verplumpung 13
Versteifungskonstruktion 56
Versuchs-Irrtums-Prozeß 33
Vespa orientalis 100
Vester, F. 150
Victoria regia 84
Vielfalt biologischer Konstruktionen 20
Vielparametersystem 53
Vogelflügel 47
Vogelmilben 74
Vogelschultergürtel 67
Vogelschwanz als Höhensteuer 8
Vogt, K. 38
Volumenoptimierte Fahrzeugrümpfe F19
Vorbild Fisch 92
Vorflügel 47
Vortriebskraft 91
Vriesia splendens 53

W

1000-W-Lautsprecher 48
Wachskristalloide 43
Wagner, T. 44
Wanze, Speichelpumpe 22
Wanzenflügel 70
Wärmeabgabe, zeitverzögerte 41
Wärmehaushalt, ausgeglichener 85
Warnke, U. 102
Waschautomat, Vitatop 121
Wasserbereitstellung 53
Wasserdurchtritt 24
Wasserkäfer 56
Wasserläufer F19
Wasserspaltung 135
Wasserstoffproduktion, solare 101
Wasserstofftechnologie 135
Weberknecht 74
Wedekind, F. 150
Wehrapparat 25
Weißstorch F19
Weitgespannte Tragwerke 84, F17
Weitwinkelröntgenteleskop 39
Wellpappe 15
Werkstoffbionik 5
Werkzeuge, biologische 14
Werkzeugkonstruktion 56
Widerhaken 74
Widerstandsbeiwert 56, 63
Widerstandserhöhung 89
Widerstandskörper 90
Widerstandsreduktion 36
Wiesenbocksbart 8, 9

Windkanal F18
Windtürme 80
Wirbel, stationäre 93
Wirbelentstehung 89
Wirkungsgrad 31, 106
    der Photosynthese 30
Wissoll F18
Wohnraumklimatisierung 80
Wöhrle, E. 100
Wölbungsverteilung, Stereoflügel 92
Wüstenberg, A. 92

Z

Zahntriebe 72
Zellen, photovoltaische 99
Zellwand, pflanzliche 76
Zelt-Tragwerke 84
Zeppelin-Luftschiff F17
Zikadenlarve F20
Zirkulationsgeschwindigkeit, Blut 23
Zisternenkühlung 80
Zucker 30
Zuckmücke 74
Zufallsänderung 50
Zugbeanspruchung 69
Zugholz 110
Zugspannung 70
Zugstab 66
Zusammenarbeit, Forschung –
    Anwendung 129
Zwangslüftung 28
Zweiphasendüse 106

Springer und Umwelt